父母要懂的
儿童心理学

姜韦羽◎编著

科学教育孩子，从心理入手

◎ 破解孩子的心灵密码 ◎ 了解孩子的内心渴望

◎ 关注孩子的成长需求

打 不忍心　骂 没效果　劝 说不听

不想当“虎妈”，却也不能当“猫爸”

您是否也饱受教育孩子的困扰?

中国纺织出版社

内容提要

儿童心理往往支配着儿童的行为，父母不仅要教育孩子，改变孩子的行为习惯，还要疏导孩子的心理问题。假如父母能根据孩子的心理因势利导，那将会起到事半功倍的教育效果。

本书系统地剖析了近些年父母广泛关注的儿童成长方面的问题，比如孩子的品格、潜能、习惯、学习、情绪、成长等问题，以及赏识教育、逆商教育、自立教育等教育方法。对于正在为“如何培养优秀孩子”等问题而烦恼的父母将有很大的帮助。

图书在版编目（CIP）数据

父母要懂的儿童心理学／姜韦羽编著.--北京：中国纺织出版社，2017.8（2024.1重印）

ISBN 978-7-5180-3771-1

Ⅰ.①父… Ⅱ.①姜… Ⅲ.①儿童心理学 ②儿童教育—家庭教育 Ⅳ.①B844.1 ②G78

中国版本图书馆CIP数据核字（2017）第162709号

责任编辑：闫　星　　　　责任印制：储志伟

中国纺织出版社出版发行

地址：北京市朝阳区百子湾东里A407号楼　邮政编码：100124

销售电话：010—67004422　传真：010—87155801

http：//www.c-textilep.com

E-mail：faxing@c-textilep.com

中国纺织出版社天猫旗舰店

官方微博http://weibo.com/2119887771

北京兰星球彩色印刷有限公司　　各地新华书店经销

2017年8月第1版　2024年1月第7次印刷

开本：710×1000　1/16　印张：16

字数：190千字　定价：49.80元

前言

瑞典教育家巴哈特说："一个好父亲胜过一百个好校长。"毋庸置疑，家庭教育是一门学问，更是一门艺术。作为父母，我们只有掌握了这门学问，深谙这门艺术，才能将孩子培养成人，塑造成才。

现代父母总是游走在焦虑与疑虑之间：他们焦虑，是因为教养孩子太费心费力，却苦于找不到好的方法，提起孩子的教育就头痛，甚至比上班还令人心力交瘁；他们疑虑，是因为一部分人对教育孩子有自己独到的见解，甚至说起教育方法也是头头是道，但是却一样没能培育出出类拔萃的孩子。

那么，如何才能培养出优秀的孩子？答案就是通过孩子成长规律制定适宜的教育方法，这不得不涉及一门学科——儿童心理学。儿童心理学诞生于19世纪后半期，德国生理学家和实验心理学家普莱尔是儿童心理学的真正创始人。他曾在自己的孩子从出生到3岁这段时期内每天进行系统观察，有时也进行一些实验性的观察，最后将这些观察记录整理成一部有名的著作——《儿童心理》。一般而言，儿童心理学通常以孩子从出生到青年初期（14~15岁）心理的发生和发展作为研究对象。

刚刚出生的孩子就如同一张白纸，需要精心绘制，合理配色，才能让孩子成为父母所期望的、符合社会需要的人才。家庭教育是一项复杂的事务，然而，只要父母按照儿童的生理和心理发展规律进行教育，就能更科学地培养人才。心理学研究表明，儿童的心理不但有规律地、按顺序地发展着，而且在儿童心理发展过程中也存在某一些特定时期的问题。比如孩子在某些特定年龄时期学习某种知识比较容易，三岁学语言和动作，四岁发展形象视觉，五岁掌握数的概念。假如在这些特定时期对孩子适时进行教育和培养，将在智力开发方面取得最佳效果；假如错过“某个特定时期”，则事倍功半，甚至机能减退。所以，每一位父母都应该学习儿童心理学，并将之应用在家庭教育中。

本书从家庭教育实用性出发，通过大量形象具体的案例，揭示儿童教育的种种问题，再对症下药进行细致分析，从而总结出儿童教育中应用的心理学。一方面给父母一本儿童心理的参考书，见微知著，便能探寻出儿童教育的症结点；另一方面针对家庭教育方式，手把手引导父母快速培养孩子成才。

编 者

2017年3月

目录

上篇　儿童心理学

下篇　家教心理学

上篇
儿童心理学

如何与孩子相处？如何了解孩子？正所谓“子不教，父之过”，如何教育好孩子，父母应该熟知一些方法。作为父母，我们不但要熟练掌握语数外理化地生等课本知识，还必须掌握一些儿童心理知识。

第01章　品格心理学——塑造孩子良好的品性

不管父母希望孩子长大后会成为什么样的人，当然首先应该是一个品格高尚的人，这才是真正的优秀。毕竟品格不好，哪怕天赋再高，知识再丰富，也没人愿意与孩子成为朋友。对孩子而言，品格比财富、知识更重要。

杜根定律：让自信伴随孩子成长

杜根定律告诉我们：强者不一定是胜利者，但胜利迟早都属于有信心的人。心理学家认为，自卑经常以一种消极的防御的形式表现出来，比如妒忌、猜疑、害羞、自欺欺人、焦虑等，自卑会让人变得非常敏感，经不起任何刺激。

孩子的自卑心理，基于多方面的原因。有的是父母能力较强，对孩子期望过高，生活在这样的家庭里，孩子总认为“爸爸妈妈什么都行，我什么都比不上他们，怎么努力都没用”；有的则是家庭不完整，生活在破裂家庭中的孩子，得不到父母足够的爱，会觉得自己是被社会抛弃的孩子；有的父母采用粗暴、专横的教育方式，严重地伤害了孩子的自尊心；有的是父母自身有自卑情绪，平时总说“我不行”，潜移默化地影响到了孩子。

小东是一个三年级的男生，他长着一对会说话的大眼睛，白白净净，头发有些自然卷曲，成绩还不错；不过就是性格内向，十分腼腆，在人前不苟言笑。他上课时从来不举手发言，即便老师点名要他回答问题，他也总是低着头回答，声音很小，而且满脸通红。

下课除了上厕所之外，他总是静静地坐在自己的座位上发呆。老师让他

去和同学们玩，他只是不好意思地笑了一下，依然坐着不动。他平时在家里总把自己关在屋子里，不和朋友们去玩。遇到周末的时候，父母想带他一起出去玩，或是去朋友家里做客，他也不去，甚至连自己的爷爷奶奶家也不愿意去。

小东身上的现象，在许多孩子身上都可能有所体现，这些都是自卑的产物。自卑，就是一个人严重缺乏自信，常常认为自己在某些方面或各个方面都不如别人，经常把自己的缺点和他人的优点进行比较。自我评价过低，瞧不起自己，这是一种人格上的缺陷，一种失去平衡的行为状态。

1.避免苛求孩子

父母要帮助孩子建立自信，克服自卑心理。所以父母对孩子的要求要适当，不能苛求孩子。父母对孩子的要求应与孩子实际的能力和水平相适应。若孩子取得了好成绩，父母应及时表扬、鼓励，让孩子对自己充满信心。对于那些成绩稍差的孩子，父母应予以关心和安慰，帮助孩子分析原因，总结经验和教训，予以孩子耐心的指导，一步步提高孩子的成绩。

2.丰富孩子的知识

生活中，父母经常发现当许多孩子一起交谈的时候，有的孩子说起话来滔滔不绝、绘声绘色，而自己的孩子却只是在一边听，一言不发。这是什么原因呢？这主要是由于孩子的知识面不同，有的孩子见多识广，有的孩子知识面较为狭窄。而那些知识面较为狭窄的孩子更容易自卑，父母需要有意识地帮助孩子丰富知识，开阔孩子眼界。

3.善于发现孩子的优点

消除孩子的自卑心理，父母要善于发现孩子的优点和缺点，并为他们提供发挥长处的机会和条件，让孩子学会理智地对待自己的缺点，寻找合适的补偿目标，从中吸取前进的动力，将自卑转化为一种奋发图强的勇气。

4.引导孩子交朋友

自卑的孩子大多比较孤僻、不合群，喜欢把自己封闭起来。而积极的人际关系会为孩子提供必要的社会支持系统，利于自身压力的减缓和排解，性格也会变得开朗乐观起来。而且孩子在与人交往的过程中，会更加客观地评价自己

和他人。父母要多鼓励孩子交朋友，并教给他们一些社交技能。

5.帮助孩子获得成功经验

当孩子成功的经验越多，他的期望值就越高，自信心也就越强。对于自卑的孩子来说，父母要帮助他建立起符合自身情况的抱负，增加成功的经验。当孩子遭遇困境，心生自卑的时候，父母可以引导孩子去做一件比较容易成功的事情，或者参加其感兴趣的活动，以消除他的自卑心理。比如，当孩子在考试中失利了，不妨让其在体育竞赛中找回自信。

6.采用小目标积累法

许多孩子产生自卑，往往是由于对自己要求过高，将自己已经取得的成绩忽略了，一味地沉浸在大目标无法实现的焦虑中，因此心理就经常笼罩在悲观、失望的阴影中。

对此，父母可以帮助孩子制定一个个能在短时间实现的小目标，引导孩子向前看，从已经实现的小目标中得到鼓舞，增强自信。随着小目标的积累，不但会形成一个实现大目标的动力，而且会让孩子形成足以克服自卑的信心。

7.引导孩子正确面对挫折

孩子在生活中难免会遇到失败和挫折，而失败的阴影是产生自卑的温床。对此，父母需要及时了解孩子的心理变化，予以指导，帮助孩子及时驱逐失败的阴影。父母可以帮助孩子将失败当作学习的机遇，分析失败的原因，从失败中学习和吸取教训；也可以帮助孩子将那些不愉快、痛苦的事情彻底忘记。

8.尊重孩子的自尊心

有的孩子自尊心较强，一旦做错事情，自己就会很内疚。假如父母这时再冷嘲热讽，甚至责骂，就会严重挫伤孩子的自尊心，孩子就会破罐子破摔，表现越来越差。所以，当孩子做错事情时，父母应理解和关心孩子，只要孩子知错能改就行了。这样孩子就会排解消极情绪，变得越来越自信。

假如一个孩子被自卑心理所笼罩，其身心发展及交往能力将受到严重的束缚，才智也得不到正常的发挥。父母从小为孩子播下自信的种子，将有助于孩子形成良好的个性品质，增强他们的心理素质，使他们未来的路越走越光明。

亲和效应：关爱他人是一种幸福

父母应该让孩子树立这样一个观念，即想及他人、理解他人、关心他人。告诉孩子当你给予他人关心的时候，温暖了对方，同时也将会温暖你自己。因为被人关心是一种美好的享受，而关心他人也是一种高尚美好的品德。

人的本质就是爱的相互存在，我们的生活是由与他人的相互交往而构成的。得到他人的关心是一种幸福，关心他人更是一种幸福，正如歌中所唱“只要人人都献出一点爱，世界将变成美好的人间”。

12岁的李斯特在维也纳举办了一次成功的演奏会，演出结束之后，音乐大师贝多芬走下台去，把李斯特搂在怀里，在他的额头上吻了一下。顿时，李斯特像得到了什么宝贝似的，激动得快要昏过去了，他难以忘怀这一刻。后来，李斯特成了著名的音乐家，在其漫长的教学生涯中，对于那些学生，他总是以贝多芬的方式——亲吻额头来作为奖励，并对他的学生说：“好好照料这一吻，它来自贝多芬。”他曾这样说：“我们应该继承贝多芬传给我们的东西，把它继续发展下去。”直到今天，我们依然在传递“贝多芬之吻”，这是因为有太多的人需要被关心。

孩子需要从小学会关心他人，因为关心他人是一个人的最基本的素质，因此父母的教育是十分重要的。我们应该明白，没有人愿意跟一个冷漠自私的人交朋友，这样的人也无法获得他人的关心和爱护，更无法为这个社会分担些什么。然而，有很多孩子在生活条件越来越好的今天，常常会表现出任性、霸道和自私的个性，这已经成为孩子们普遍存在的问题。

小宝在一个新学校开始三年级的学习，他注意到有一个大些的男孩总是遭到别人的嘲弄。有一天，小宝回家对妈妈说："妈妈，学校有个男同学，班里每个人都欺负他，因为他说话和别人不一样。"妈妈问："他说话哪里不一样？"小宝回答："嗯，有时候他有些话说不好。"于是，妈妈跟他解释："这是一种叫作口吃的疾病，这会让他说话变得困难。正因为如此，所以你要多帮助他，跟他做朋友。"小宝点点头："妈妈，他的名字叫小虎，我很喜欢他。他人非常好，我不介意别人怎么说他。他是我的朋友。"

关心他人其实就是关心自己。父母是孩子接触得最早也是接触得最多的亲人，父母在生活中不仅要对孩子进行关心品质的教育，还需要起到榜样的作用，让孩子们互相学习、互相促进。主动帮助别人是一个高素质人必备的重要品质，人的本质就是爱的互相存在，每个人的生活都是由与他人的相互交往所构成的。主动帮助别人，就是要求我们善于理解别人的处境、别人的情感和需要，并且随时准备去帮助别人，从行动上去关心别人，与他人建立和谐友好的人际关系。

如何培养孩子帮助他人的品质呢？

1.让孩子成为家里的"小帮手"

有必要让孩子干家务。一位妈妈的手受伤了，无法干家务活，而且爸爸又外出了，这时候，孩子按着妈妈的吩咐自己做了稀饭，并且在饭后主动刷碗，受到了妈妈的称赞。其实，在家里一些简单的家务活是难不倒孩子的，但父母不要强行要求孩子去做，而应循循善诱，激发孩子的同情心，让孩子主动帮忙，成为家里的"小帮手"，再给予孩子赞赏，这样孩子会认识到帮助别人也会让自己体会到快乐。

2.营造温馨的家庭环境

如果孩子长期生活在一个温馨的家庭里，他会总是乐于助人，更愿意为他人着想，也更容易同情别人。因而，父母要积极为孩子营造温馨的家庭环境，

经常鼓励孩子主动帮助别人，在这样的心情状态下，孩子是很容易主动帮助别人的，因为他的心里充满了爱。

3.父母要以身作则

要想教会孩子主动去帮助别人，最关键的是父母要以身作则，为孩子做好榜样。在孩子面前，父母要尽可能地表现得体贴大度，时常主动帮助别人，示范给孩子看，把这样的观念渗透在言行中。如果父母只是教育孩子帮助别人，自己却言行不一致，那么孩子就会模仿你的行为，言教也就失去了效果。

4.鼓励孩子去完成一些任务

父母可以多让孩子参加公益活动，比如植树、除草，同时，鼓励孩子主动帮助邻居取牛奶、拿报纸，让孩子在做事情本身中感受乐趣。父母还可以鼓励孩子去做一些有益的事情，比如照顾小妹妹，或者帮助小弟弟制作玩具，这可以培养孩子主动帮助他人的品质。当然，有时候孩子并不是自发地去做这些事情，这时候父母就需要去鼓励他们，甚至有时候需要温和地强制他们，不断地鼓励孩子去完成一些任务。

心理启示

培养孩子从小养成主动帮助别人的良好习惯，这对孩子未来具有高尚的品质以及健全人格有着极其重大的影响。告诉孩子：学会关心他人，就是要求我们善于理解他人，需要随时准备去支持他人，并从行动上去关心他人。

卢维斯定理：谦虚让孩子更快地进步

卢维斯定理启示：谦虚是一种优秀的品质，一个人的生命是有限的，但知识却是无限的，再勤奋的人也不可能把所有的知识都学完。因此，在知识面前一定

要谦虚，凡是取得成功的人，他们在一生中总是谦虚地学习，不断地提高自己。现在的孩子们处在一个优越的环境中，获得了一点成绩就很容易骄傲，然而，今天获得了成绩并不代表明天成绩优秀，一个优秀的孩子应该是全面发展的孩子。

孩子的身心都处于发展的时期，许多品质还没有得到固定，这很容易使孩子们走进骄傲自负性格的误区。所以，作为父母，我们要帮助孩子克制自满的情绪，让孩子变得谦和。

小君从小就显得聪敏过人，特别是在音乐方面表现出了极大的天赋。于是他的爸爸妈妈就请来最好的老师教他，当然他也确实算是音乐方面的天才了，学得特别快。老师对他充满了希望，付出很多的心血教他。后来，在小君10岁时就举办了个人的音乐会。当时许多人都认为他长大后会成为伟大的音乐家，他的爸爸妈妈也深信不疑，处处炫耀自己孩子的天赋。而大家见到小君都是大大地夸赞，夸他是个天才，是个神童。

于是小君在别人的夸赞声中越来越骄傲，渐渐觉得自己就是毋庸置疑的神童。最后连老师和爸妈也不放在眼里，当老师指出他的不足之处的时候，他根本不把老师的话当回事，反而嘲笑老师。而当爸爸妈妈说他两句的时候，他就一整天不回家，四处玩耍。

骄傲会让孩子夸大自己的优点，不去正视自己身上的问题，甚至容易把别人看得一无是处，这样的孩子听不进别人善意的批评，总是处于盲目的优越感之中，从而放松了对自己的要求，渐渐地，他就变得不那么优秀了。对此，父母可以有意识地制造一些困难让孩子去克服，让孩子认识到做好并不容易，人生道路并不平坦，从而促使孩子虚心学习，不断进步。

我们从孩子小时候起就要培养他们谦虚的品质，当孩子在学习上获得优异的成绩时，帮助他们克服自己骄傲自满的情绪，让孩子保持一颗平常心，不要沾沾自喜，自以为是。

1.让孩子看到自己的缺点

如果孩子从小就处在父母的夸奖中，受到许多人的关注，成长在一个受表扬和鼓励的环境中，会变得更加自信。但是，在夸奖声和赞美声中，孩子们只看到自己的优点，却看不到缺点，这对于孩子的成长是极为不利的。所以，父

母需要引导孩子比较全面地了解自己，鼓励他们勇于接受批评，看到自己的缺点，虚心接受父母与老师的教育，这样孩子才能全面、健康地发展。

2.帮助孩子克制自满的情绪

孩子还处于学习知识、积累经验的阶段，对于内心蔓延出来的自高自大，他们并不懂得如何去克制。对此，父母应该保持警惕心理，鼓励孩子多读书，任何一个人都没有骄傲的资本。让孩子清楚地知道“谦虚使人进步，骄傲使人落后”，鼓励他们做一个谦虚的孩子。

3.引导孩子找到自己的榜样

每一个成功的人都非常谦虚，父母可以通过书籍了解名人的故事，以名人的事例来激励孩子懂得谦虚。当孩子有了自己崇拜的成功人士，并且了解他们成功的经历后，就会逐渐使自己养成谦虚的好品质。父母应该让孩子明白只有谦虚的人才能不断地提高自己，才能在学习上取得更大的成就。

告诉孩子：如果自己有了一点成功便觉得自己很了不起，这是很不好的。优秀的孩子更需要虚心接受老师与父母的教诲，需要倾听朋友的意见，这样才有可能走向成功。

说谎心理：孩子撒谎并非出于恶意

蒙台梭利认为，孩子说谎的最主要原因是孩子的心理畸变。她通过对孩子生活习性的观察发现，在一个陌生的环境中，孩子不能自由地实现自己原有的发展计划，就有可能导致心理畸变的发生，自然而然，孩子学会了说谎。孩子喜欢撒谎，这是一种普遍存在的心理现象，甚至有心理学家认为，孩子先天具有欺骗和说谎的能力，任何年龄阶段的人，甚至包括刚刚出生的婴儿，也拥有一些天生的了解别人心理的能力。

李女士的女儿今年8岁了，李女士把全部心思都放在女儿身上，关心孩子的生活、成长和学习，关心孩子的喜怒哀乐。不过她实在没有想到，孩子竟然开始对自己说谎了。

女儿不想去上学，希望待在家里，有姥姥陪着，觉得这样比在学校里和同学们待在一起舒服多了。有一天晚上，爸爸的肚子疼，姥姥和妈妈都劝爸爸第二天别去上班了，好好在家里歇着。这样一来，女儿就觉得生病好，可以不去学校。于是她就开始装病，今天跟李女士说这里不舒服，过两天又跟李女士说那里不舒服。刚开始李女士还真担心孩子是哪里不舒服，就让女儿待在家里。但慢慢地李女士发现，女儿是在装病，而目的就是不去学校。

很多时候，孩子的谎言几乎都是善意的，并不会给别人带来伤害，这时父母应该做的就是保护孩子的谎言不会伤害自己和他人。

由于一些父母经常以打、骂等惩罚手段来对待孩子的错误，这时孩子说谎有时是因为父母不让他们说真话。有时候孩子被父母哄骗之后心态发生改变，孩子的感情体验不管是积极的、消极的，或是矛盾的，都不应该鼓励他按照父母的意愿来说，而应该让他按照孩子自己的体验去说。

有时候父母所谓的权宜之计往往会成为孩子说谎的样板，比如有人敲门找爸爸，爸爸不愿见，就叫孩子告诉找他的人说：“爸爸不在家。”或者，孩子由于判断不准，把心里想的当作事实说出来，说出自己对现实中不存在的东西的一种想象，比如“我爸爸有一把手枪”，这种谎言说出了孩子希望的事实和渴望的场景。

1.了解孩子喜欢说谎的动机

假如孩子到了能够分辨是非的年龄依然在说谎，那父母应该找出原因。有的孩子是因为免受处罚而撒谎，他们往往会觉得自己说了真话反而会被惩罚；有的孩子则是出于无奈，在父母的逼迫之下选择撒谎；有的孩子为了讨父母欢心，为了不让父母生气，他们最本能的反应就是不承认自己所做过的错事。

2.正确对待孩子的谎言

在面对喜欢幻想的孩子时，父母所扮演的角色是很重要的，父母不应该阻止孩子发挥他的想象力，且要帮助孩子分辨什么是现实、什么是幻想。而孩子的想象转化成谎言，有时仅是一步之遥，这就需要父母正确引导。孩子拥有想象力是天性，不过假如父母对孩子的想象力一味地赞许，那就有可能让孩子的想象转化为谎言。但假如父母一味地反对孩子想象，又会扼杀孩子的智力发育。因此，父母需要调整教育方法，及时循循善诱地纠正孩子不好的习惯。

3.树立良好的榜样

对喜欢说谎的孩子，威胁或强迫他承认自己的谎言都不是正确的办法，父母最好可以用一定的时间，冷静、严肃地与孩子谈谈。孩子承认错误之后，父母一定要称赞孩子诚实的表现，可以这样说："我虽然不满意你做错了事情，但幸好你说出了真相，我实在很欣赏你的诚实。"父母是孩子的启蒙老师，其言行将影响着孩子的成长。因此，父母不要在孩子面前撒谎，即便是善意的谎言，也要杜绝。父母要做到不论对人对事都真心诚意，这样孩子才能坦诚做人。

4.减少孩子的心理压力

父母对孩子的期望过高，会给孩子增加压力，从而导致孩子说谎。所以父母对孩子的期望值要合理，不要奢望他们做出超出自身能力的事情。父母要以宽容之心对待孩子，经常与孩子交流，消除孩子的心理障碍，成为孩子的知心朋友。

心理启示

既然孩子说谎是心理发展过程中的正常现象，父母就应该因势利导，在不扼杀孩子想象力的前提下，鼓励孩子说实话，这对于孩子心理的发展是非常重要的。而且，并不是所有的谎言都应该批评和反对。

斯万高利效应：乐观的孩子人人爱

如果一个人遭受挫折不及时排解，而是任挫折像红桃K一样在大脑中繁殖，就会让自己的心里充满挫折与失败的阴影，这就是斯万高利效应。一位教育专家曾说："培养笑容就是培养心灵。把孩子培养成面带笑容的孩子，就是把孩子培养成为乐观、进取的人的最重要条件之一。"

乐观的心态，自信的笑容，这对于任何一个人来说都是不可或缺的财富。父母在培养孩子的心理素质和性格的过程中，乐观心态的培养是一个必不可少的基本成分。孩子乐观开朗的性格并不是天生的，所以，父母的教育和培养对孩子养成乐观的性格来说是十分重要的。孩子的乐观心态首先源于父母，源于家庭，所以，培养孩子乐观的心态，首先就要从父母自身做起。

这些天一直下雨，萌萌几乎一个星期没有外出活动了，萌萌开始对妈妈抱怨："春天来了怎么还这么冷啊？这雨老是下，下得我心里好烦。"说完，她烦闷地扔了正在玩的小汽车，听了萌萌的话，妈妈很没好气地说："你一个小孩子，烦什么？有什么可烦的！"萌萌一脸幽怨："哎呀，你不懂的啦！"

每天早上，妈妈骑自行车去送萌萌上学都要经过一个十字路口，可是，每次经过那里的时候几乎都是红灯。时间长了，萌萌就开始抱怨："妈妈，我们每次都这么倒霉，没有哪一次遇到绿灯。"妈妈叹了口气，心想：这孩子怎么看什么事情都不顺眼呢？

其实，影响孩子情绪的都是一些日常生活中的小事情，如果父母能够引导孩子换一个角度去看待它，也许就没有那么悲观了，孩子也会以乐观的心态来面对生活。对于正在成长中的孩子来说，乐观具有深远的意义，它会渗透孩子的一生，影响孩子一生的幸福。乐观的心态可以诱发孩子采取行动的强烈动机，也可以给孩子提供充满勇气、战胜困难的力量。在家庭教育中，父母就是要赐给孩子希望和乐观的心态，让孩子能够带着积极乐观的心态走向前方。

1.营造快乐自信的家庭氛围

一个自信乐观的家庭，总是能够培养出言行乐观的孩子，因为父母总是能

够为孩子营造出积极乐观的氛围。也许，有的孩子天生就比较乐观，而有的孩子则相反，但一些心理学家认为乐观的心态是可以培养的，即便孩子天生不具备乐观的心态，也可以通过后天来培养。

因此，培养孩子乐观的心态，就需要父母为孩子营造出快乐自信的家庭氛围，让孩子快乐地学习生活，教会孩子正确面对批评和挫折，帮助孩子克服悲观情绪，多给孩子鼓励与赞赏，多给孩子温暖与笑容，这样孩子就会逐渐形成开朗的性格。

2.父母要崇尚乐观主义

孩子的模仿能力极强，他可以把父母的优点和缺点一起吸收。如果父母是悲观主义者，孩子就会受影响以悲观态度来看待问题；如果父母希望孩子以乐观的态度来看待问题，就要改变自己的思想和行为习惯。父母不仅要在孩子面前表现出乐观的心态，更重要的是真正拥有乐观的心态。

3.让孩子以乐观的态度看问题，培养孩子多方面的兴趣爱好

一个孩子的成长健康与否，与他的心态有很大的关系，孩子良好的心态会给他带来健康的身体、健全的人格。如果父母能够有意识地培养孩子广泛的兴趣和爱好，就可以让他对生活充满向往。父母要鼓励孩子去做有兴趣的事情，对于他不感兴趣的事情，父母不要勉强他，尽可能地让他自由发展。让孩子参加集体活动，让孩子感受来自同伴的积极压力，将孩子的锻炼与兴趣结合起来，对于自己感兴趣的活动，孩子会更擅长，会更容易获得成就感。孩子拥有越来越多的成就感，极大地增强了自信心，就会逐渐形成乐观的心态。

4.换一种角度向孩子解释事情的真相

有时候，当事实无法改变的时候，父母可以给孩子不一样的说法。当父母对孩子说："现在爸爸要起草一份材料，爸爸的工作很忙。"这样会让孩子觉得爸爸很能干，工作也很重要，如果父母对孩子说："真可恶，爸爸还得起草一份该死的材料。"孩子会觉得爸爸是不情愿写材料的，却又不得不写，这就会给孩子留下一种阴影。

5.不要在孩子面前表现难过的情绪

父母不要因为孩子的一时挫折就表现出难过的情绪，比如孩子成绩下降了，父母若是表现得过分紧张和难过，就会影响到孩子的情绪，也增加了孩子的心理压力。所以，不要在孩子面前表露出难过的情绪，也不要对孩子的受挫进行处罚、挖苦以及责骂，父母不妨以幽默的方式，尽可能地把自己的乐观情绪表达给孩子。

心理启示

著名教育学家塞利格曼曾说："父母教育孩子的方式正确与否，显著地影响着孩子日后性格是乐观还是悲观。"所以，作为父母，我们一定要传达给孩子积极乐观的情绪，让孩子在乐观中找到对生活的自信，让孩子以乐观的心态去看待身边的每一个问题。

特里法则：善于自省的孩子更容易认错

特里法则告诉我们：承认错误是一个人最大的力量源泉，因为正视错误的人将得到错误以外的东西。爱默生曾说："人类唯一的责任就是对自己真实，自省不仅不会使他孤立，反而会带领他进入一个伟大的领域。"

小孩子总是习惯性地为自己找借口，害怕承认自己的错误，这时候需要父母有意识地培养孩子养成良好的自我反省的习惯，鼓励孩子对自己的行为进行反思，看看自己的所作所为是否违背了社会规范，是否存在着种种不足。自我反省的习惯对于孩子一生的发展都有着积极的意义，所以，父母应该在家庭教育中有意识地鼓励孩子做自我反省。

孩子每次考试失利都不懂得反思自己存在的不足，反而一味地向父母抱怨"这次老师改卷子太严了，不然那两分都不会被扣"，"这次真倒霉，我随便

蒙了一个答案都错了，只能说我运气太差了”。如果父母说：“难道你自己就没原因吗？”孩子则会一脸无辜地表示：“我最大的原因就是太认真了。”

有时候带着孩子出去，因为孩子拖拖拉拉没能坐上早班公交车。这时孩子会抱怨：“司机叔叔怎么这样不负责任，没看到我在后面招手吗？肯定是故意不等我的。”看到孩子这样不懂得自我反省，每次都是胡乱找借口，父母真的好担心。

海涅曾经说：“反省是一面镜子，它能将我们的错误清清楚楚地照出来，让我们认真地思考自己的行为，并给我们改正的机会。”自我反省就是常常冷静地思考自己的言行，寻找自己所作所为中存在的不足和错误。一个人会不断地取得进步，就在于他能够不断地自我反省，善于认识到自己的缺点和不足之处，并及时采取措施进行弥补。

自我反省是一种良好的行为习惯，也是每一个处在成长期的孩子所需要具备的一种良好习惯。

1.父母做好榜样

孩子有着一定的模仿能力，父母的言行也会成为他们模仿的对象。在日常生活中，父母要做好榜样，即便是父母犯了错误也要自我反省，这样会给孩子树立良好的榜样，有利于培养孩子优秀的自我反省能力。有的父母认为自己毕竟是大人，做错了事情羞于认错，而且认为在孩子面前认错是难为情的事情。其实，这种想法是错误的，父母做错了也要敢于承认，及时进行自我反省，特别是在孩子面前，这样才能积极地影响孩子。比如，有时候，父母也会误会孩子，这时候，不要试图在孩子面前敷衍了事，而应该真诚地向孩子道歉。

2.让孩子以平常心面对批评

虽然，在很多时候我们都提倡鼓励教育，总是说“好孩子是夸出来的”，但一味地鼓励与夸奖是无法培养出好孩子来的。另外，如果孩子经常得到表扬，时间长了，他就很难接受别人的批评了。因此，批评与赞赏一样，都是父母需要采取的教育方式。当然，无论是赞赏还是批评都应当是适当的，父母不要大声斥责，只需要让孩子知道自己错在哪里就可以了。父母要正面引导孩子

坦然接受别人的批评，以“有则改之，无则加勉”的心态来接受批评。

3.理智对待孩子的错误

当孩子犯了错之后，父母不要对孩子横加指责，而是应该允许孩子作出解释，当父母了解了事情的真相后，只需要平静地指出孩子的错误，引导孩子进行自我反省。这样可以激发孩子想纠正错误的行为，在以后的生活中，孩子就会少犯或者不犯类似的错误。

有的父母在孩子犯了错误以后，往往会耐不住性子，对孩子不是打就是骂，实际上这样很不利于孩子自我反省能力的提高。父母千万不要一上来就斥责、恐吓孩子，不要对孩子的错误横加指责，这样只会让自己的暴躁脾气扼杀了孩子的自我反省能力。父母只有冷静理智地对待孩子的错误，才有利于孩子养成自我反省的习惯。

4.培养孩子“每天自省”的良好习惯

子曰：“吾日三省吾身——为人谋而不忠乎？与朋友交而不信乎？传不习乎？”父母可以引导孩子每天都反思一下自己的所作所为，总结一下自己的行为表现，想象自己有哪些是做得不对的，哪些是需要改进的，且应该怎样改正和挽回那些错误。让孩子养成这样一种习惯，时间长了，孩子就不会犯同样或类似的错误，而且也能够分辨是非真伪了。

心理启示

一个孩子如果不懂得自我反省，他就会一次又一次地犯相同的错误，在原地踏步，难以取得进步。相反，孩子如果懂得了自我反省，他就会认真思考自己身上的不足之处，会更加注意下次绝对不会犯同样或类似的错误。

第02章 潜能心理学——挖掘孩子的闪光点

父母对于孩子寄托了无限的期盼，总希望他能有杰出的表现。那么，父母就应该在平日生活中留心观察孩子言行举止、喜好憎恶，将这些记录下来，归纳出孩子的性格趋向或擅长的事情，从而想办法诱导激发他。

天赋递减法则：开发孩子的早期智力

心理学家认为，孩子的成长遵循着一种规律，也就是孩子的天赋随着年龄的增大而递减，开发孩子智力越晚，孩子与生俱来的潜能就发挥越少。所以，有一句话是“孩子教育越早越好”。许多父母对此颇有疑虑，孩子这么小就接受教育，毕竟于心不忍，也不希望孩子小小年纪就背上学习的包袱。但事实上，孩子早期智力开发是很有技巧的，并非教条般学习，而重在智力开发。至于是否教育越早就越有效，我们可以举一个例子：比如一株橡树在适宜的环境，可以长到30米，这就是它的潜能。然而现实是，没有一株橡树能长到30米，通常只会长到12~15米，假如生长环境处于劣势，只能生长到6~9米；假如土壤肥沃，精心培育，则可达到24~26米。所以，孩子早期教育可以有效开发其潜能，更容易造就人才。

教育专家通过大量研究表明：假如孩子从5岁接受教育，即便是非常好的教育，将来也只能具备80分的能力；假如从10岁开始教育，就只能达到60分的能力，这就是天赋递减法则的典型例子。

有位母亲抱着自己的孩子去找达尔文，向他请教有关育儿的问题。“啊！多漂亮的孩子啊，几岁了？”看着这么漂亮可爱的孩子，还没等少妇开口，达尔文就高兴地向夫人问道。

“刚好两岁半。”少妇诚恳地对达尔文说，“当父母的总是希望孩子成才，你是个科学家，我今天特意登门求教：对孩子的教育什么时候开始才好呢？” “哎！夫人，很可惜，你已经晚了两年半了。”达尔文十分惋惜地告诉她。

可以说，孩子从出生那天开始，就可以通过嘴、舌头及其他感官来探索这个世界。一个人从生命的开始，就有了感知的愿望。大部分父母觉得孩子还小，教育他们应该从合适的年龄开始。其实，生命本身就赋予了孩子求知的渴望。

日本古代驯养名莺的方法说明了早期教育的必要性。据说，那些小莺在幼小时期就被人们捉来进行严格训练。在训练的时候，在它们身边会放一只叫声很优美的名莺。当这些小莺每天听着名莺优美的声音，便会在潜移默化中慢慢改变，跟着名莺学习。当然，要想成为名莺，那些小莺还需要进行其他的训练。但是，如果没有之前的训练作为基础，就没有必要进行后面的训练。简而言之，在整个训练过程中，挑选一只能起示范作用的名莺是最重要的步骤，这样便于幼莺模仿名莺的叫法。

1920年，印度牧师在加尔各答山上发现了两个狼孩：一个是一岁半的阿玛拉，一个是八岁的卡玛拉。牧师决定将两个孩子带回孤儿院抚养。

在孤儿院里，阿玛拉和卡玛拉常常表现出狼身上所有的习性。到了晚上，卡玛拉就像狼一样活跃，号叫着乱闯乱跳，即便是睡觉时也会像狼一样蜷伏在地。一年后，阿玛拉因为没办法适应人类的生活方式，最终死亡。

八岁的卡玛拉初到孤儿院时，一直伏地吃饭、睡觉，持续了两年。又经过了一年的训练，她才能在人的手里吃饼干。直到三年半之后，卡玛拉能够独立站立，六年后勉强走路，而直到十七岁去世之前都无法平稳地走路。

有位母亲对女儿的教育方式十分独特，她从来没有辅导过女儿做功课什么的，就是每天回来跟女儿聊十分钟，只聊四个问题，就完成了她的家庭教育。这四个问题是：学校有什么好事发生吗？今天你有什么好的表现？今天有什么

好收获吗？有什么需要妈妈帮助的吗？

这些看似简单的问题背后其实蕴含着丰富的含义：第一个问题其实是在调查女儿的价值观，了解她心里面觉得哪些是好的，哪些是不好的；第二个问题实际上是在激励女儿，增加她的自信心；第三个问题是让她确认一下具体学到了什么；第四个问题则有两层意思，一是我很关心你，二是学习是你自己的事。

1.胎教

母亲在怀孕时，不仅所吃的食物会对胎儿的成长有影响，喜怒哀乐的情绪也会对胎儿有影响，尤其是对孩子以后的心智和精神更是有影响。因此怀孕时应尽量不服用药物，少吃辛辣刺激的食物，多听音乐，多看美丽的风景，不生气，不悲伤。

2.婴幼儿学前教育

别以为婴幼儿无知无识，不会说话。其实，孩子从出生起，一旦接触外部世界就开始了认识世界的历程。他随时都在吸收、学习，而且婴幼儿学习和吸收的速度跟成人比起来要快得多。这一时期的教育并不只是语言和行为方面的，还在于品性方面的。

3.幼儿教育

对大一点儿的幼儿，需要进行系统的知识教育，以及系统的动手能力、思维能力、品德观念等的教育。作为父母，我们不可总是找借口说“孩子小，他懂什么”，毕竟其一生的思维潜能、品德都奠定于此，不容忽视。

心理启示

教育学家一直提倡儿童应尽早地进行教育。通常情况下，两岁的幼儿就应该开始接受教育，主要培养幼儿的语言表达能力、身体运动能力及对周围环境的认知能力。3～4岁的儿童要进行系统的知识训练。

罗森塔尔效应：做孩子的心灵导师

父母与老师对孩子的期望和热爱，使孩子的行为发生与期望趋于一致的变化，这被称为“罗森塔尔效应”。心理学家建议：父母要想教育好孩子，就要在孩子面前说出自己的期望。俗话说：“好孩子是夸出来的。”这也是无数父母从亲身实践中总结出来的经验，孩子“爱玩调皮叛逆”，这都是作为一个孩子的天性，需要父母循循善诱，切不可正面冲突。如果你还是沿用“棍棒”教育，让孩子屈服于你的威严之下，那么，这样只会让孩子更加反感，不仅会影响亲子关系，对孩子的一生也是不良的影响。

小豆子刚上小学一年级那会儿，每次放学回家都不认真写作业，妈妈大声斥责，小豆子也一副无所谓的样子，这可把妈妈惹生气了，她忍不住用手打了孩子。最后，小豆子老老实实地坐在那里写作业了，可是，当妈妈检查作业的时候，发现字迹马虎潦草，还有好几处都出现了不应该的错误。看到这样的结果，妈妈又生气了，又开始训斥小豆子……

时间长了，妈妈发现小豆子越来越不听话，他总是调皮捣蛋，不认真完成作业，而且还学会了撒谎。以前孩子可不是这样啊！妈妈为此苦恼极了。

关于怎样教育好孩子，对所有父母来说都是很棘手的问题，尤其是面对逐渐变得叛逆的孩子，许多父母真是没辙了。打也打了，骂也骂了，可就是不见效果，孩子总是不听话。其实，随着年龄的增加，孩子越来越叛逆，凡事都喜欢和父母唱反调，而且你越是打骂他就越嚣张。有父母抱怨“我已经管不了他了”，难道问题真的那么严重吗？

父母应该以另外一个角度来看待自己的孩子，多看到孩子身上的闪光点，进行正面引导，这样孩子就会在夸奖赞扬中逐渐改变那些不良的习惯，而且能够树立起自信心，形成上进心，逐渐地养成良好的行为习惯。

1.摒弃“棍棒”教育，以赏识教育为主

在当今时代，随着社会的进步，人们观念的改变，许多父母都认识到了“棍棒”教育带来的弊端，并逐渐以赏识教育为主。的确，赏识教育作为一种

新兴的教育方式，它主要是赏识孩子的行为结果，以强化孩子的行为；也是赏识孩子的行为过程，以激发孩子的兴趣和动机。

赏识教育是一种尊重生命规律的教育，逐渐调整了无数父母家庭教育中的“功利心态”，使家庭教育趋向于人性化、人文化的素质教育。所以，父母在家庭教育中，应该摒弃落后的“棍棒”教育，以赏识教育为主，这样才有利于培养孩子良好的行为习惯。

2.多发现孩子身上的闪光点

一个孩子可能会很调皮，也可能学习成绩很差，但这时候，父母不要只看到孩子的缺点，忽视了孩子身上的闪光点。每一个孩子都有闪光点，只要父母做个有心人，一定能在生活的点点滴滴中发现。可能他比较调皮，但计算能力很强；他语言能力也可以，还可以自己编故事；他的绘画也很不错，所画的作品还在班上展出过呢……这样一想，你就发现赏识孩子其实并不难。

即使孩子只有一点点进步，父母也不要忽视，要给予真诚的表扬。“你今天一回家就开始写作业了，这个习惯真好，我相信你会天天这样做，是吗”，“今天你跟爷爷说话时用了‘您’，语气也比以前更有礼貌了，很不错”，长久以往，你会发现孩子在一次次的夸奖中变得越来越有自信了，学习的兴趣也一天比一天浓厚，行为习惯也一天比一天好。

3.任何时候都要注意说话的语气

随着年龄的增长，孩子的自我意识越来越强，他也有自己的自尊心，也有自己的面子。但许多父母还是把孩子当作什么都不懂的孩子，对孩子说话时从来不考虑自己的语气。这时候，孩子是比较敏感的，父母稍微有些不耐烦的口气，孩子就能感觉到，他会觉得自尊心受伤；如果父母当着许多人的面数落孩子的缺点，就更会让孩子觉得无地自容。所以，在任何时候父母都要注意自己对孩子说话的语气，以夸奖激励为主，切忌语气太重，另外，在外人面前千万不要数落孩子的缺点，这会让孩子自卑。

4.当孩子取得了成绩，应大力夸奖

有时候，孩子取得了不错的成绩，父母心里虽然也很高兴，但总是给孩子

浇一盆冷水，“这次成绩还行，可你同桌还比你考得好哩”，这样一个转折一下子就把孩子的自信心毁灭了。对于孩子来说，他的心理还很简单，他只希望得到父母的夸奖，如果父母稍有微词，他就觉得没有了自信心，进而产生自卑的心理。所以，当孩子取得成绩时，父母千万不要浇冷水，要大力地夸奖，增强孩子的上进心。

当然，“好孩子是夸出来的”也并不是完全地正确，教育孩子一味地靠夸奖也是远远不够的。而且，有的父母更是坚持“孩子都是自家乖”这种观点，一味娇宠，这样对孩子的成长也是极为不利的。

心理启示

无论是夸奖还是批评都应该是适当的，父母不能把孩子捧得太高，这样一不小心摔下来了，孩子和父母都是承受不起的。好孩子是夸出来的，父母更要拿捏好“夸”的度，这样才能培养孩子良好的行为习惯。

鱼缸法则：给孩子腾出一个成长空间

鱼缸法则告诉我们：要想使孩子长得更快，更大，就一定要给它活动的自由，而不要让它们拘泥于一个小小的鱼缸。当孩子在小学阶段时，往往需要依赖父母，以父母为榜样。一旦孩子进入初中阶段之后，孩子最突出的特点是，生理迅速发展，产生“我是成年人”的感觉。

在心理上，由于自我意识的快速发展，孩子进入“心理断乳期”，在心理上要求摆脱对父母的依赖，渴望独立，要求父母将自己看作“成年人”，自己的意志和人格得到尊重。这一阶段的孩子讨厌父母过分的关心、监护、说教，容易产生逆反心理。

一位家长曾经这样诉苦：我的女儿今年14岁了，在初中二年级读书，在小学时是非常听话的孩子，上初中后完全变了，无论做什么事都自己拿主意。让她好好学习，她偏看言情小说或打电子游戏机，有时我们说多了，她就发脾气，甚至想离家出走，还口口声声说："我长大了，我的事，我自己处理。"我感到困惑，孩子为什么变得和以前不一样了，这正常吗？

孩子步入"心理断乳期"，开始对家庭、对学校甚至对社会产生巨大的叛逆心理。尽管青春期的孩子从表面上看，已经是一个"小大人"，不过由于他的心理和生理并不是真正地达到了成熟的状态。因此，处于这个阶段的孩子情感起伏十分大，不容易驾驭。

即便他有了喜怒哀乐，也不愿意向父母吐露，而且会抱怨父母不理解自己。假如父母处事不妥当，比如对孩子的表现打破砂锅问到底，妄加指责或是漠不关心，都会增加孩子的反抗情绪。青春期的这一阶段，是孩子的"心理断乳期"。

1.迎接孩子进入"心理断乳期"

心理断乳期的真正意义是摆脱对父母的孩子式依恋，走上精神的成熟与独立。所以，父母应把爱孩子的重点放在帮助他们完成从孩子到成人的转变上。父母对孩子心理断乳期倾向应持欢迎态度，这意味着孩子的第二次诞生。

2.鼓励孩子自主独立

父母要把孩子的某种离心倾向理解为他的精神在朝着独立自主的方向成长。在心理断乳期，孩子对同龄朋友的兴趣越来越浓，而对父母的依赖则不断减少。或许父母会觉得孩子变心了，实际上交朋友是孩子在精神上独立于父母过程中的一种补偿。假如孩子有适当的朋友，就不至于由于心理断乳而过度失落。

3.引导孩子走出叛逆的消极面

父母应根据孩子的心理特点，从行为上和心理上进行引导，教育的方式要多样化。采用平等对话的方式，让孩子把心里话说出来，然后父母把自己的观点、经历讲给他听，让孩子自己进行比较，父母不要采取简单粗暴的方式，要

因势利导。

4.信任孩子

父母首先要尊重孩子的人格，孩子觉得自己已经长大了，有能力处理自己的事情。这时可以充分利用孩子的这个想法，把家里的一些事情和孩子一起商量处理，听取、征求孩子的意见，对孩子生活、学习中出现的问题，尽量让他自己去解决。不过，父母也可以提出自己的意见，告诫孩子。当孩子遇到困难和失败时，应多鼓励和安慰，及时给予赞扬。而父母犯了错误，也要勇敢承认，尽可能改正。

5.尽量避免与孩子发生冲突

当孩子发脾气时，父母应保持冷静；争论激烈时，父母应转移话题或采取冷处理方式，避免孩子萌发对立情绪，使逆反心理更强烈。事后在合适的时候，父母可以心平气和地指出孩子的错误和不当之处，使孩子积极克服幼稚喜欢冲动的坏习惯。

6.鼓励孩子参加集体活动

广泛结交朋友，在集体活动中，丰富、充实自己的精神生活，发展“自我”意识，正确、客观地评价自己，以培养孩子活泼开朗的性格、真诚待人的品德，顺利度过孩子心理发展的这一重要时期。

7.尊重孩子的权利

父母要转变观念，尊重孩子的权利，承认他是一个独立成员，平等相待，评价孩子要做到恰如其分，不要将孩子与其他孩子相比。在与孩子相处时，要与孩子建立起朋友式的友谊关系，尊重他的自主权与隐私权，尊重、理解、爱护他，多指导少指责，多帮助少干涉。

心理启示

孩子渴望被成人的世界认同，他渴望通过叛逆的行为来向世界表示自己已经长大了。不过，叛逆也正暴露了他的幼稚和不成熟，就好像是贴一个标签在

告诉别人，他在成长中、在躁动中寻找一种叫独立的东西。这时父母要耐心等孩子长大，给予他理解，小心呵护他。

马太效应：给孩子一个平等的支点

在教育中，“马太效应”的作用是消极的。假如不注意这种“马太效应”，可能会造成只重视和培养少数拔尖学生，忽视和放弃大多数学生，形成少数和多数的隔膜、分化、对立等局面。一位8岁孩子的父亲说，他儿子学唱歌得到老师表扬，但他提醒孩子不要得意，理由是还有更优秀的孩子。听到了父亲这样的评价，孩子觉得很委屈。教育专家指出，许多父母看不到孩子的进步，总喜欢拿自己的孩子的某个方面与更优秀的孩子比，结果是越比越不满意，这样下去孩子的压力也与日俱增。在这里，父母需要给予孩子一个平等的支点。

最近，林妈妈觉得豆豆成绩有所下降，着急的她为了激发豆豆的好胜心，忍不住数落豆豆：“你怎么不争气呢，你看你同学丁丁多认真，听说这次考试他又是第一名呢！你要多向他学习，知道吗？”“我觉得自己已经够努力了，为什么把我跟丁丁一起比呢？他每次都是第一名，依我说，他还是在原地踏步呢！”豆豆不以为然地丢了一句给妈妈，林妈妈没有想到豆豆这样说话，她也有点儿激动了：“妈妈这样跟你说，是因为许多小朋友都在努力，你当然要努力点，否则就落后了，到时候成绩下降了怎么办？”“哎呀，哎呀，知道了，你别说了，我知道了。”豆豆不耐烦地咕哝了几句，就进屋里了。

林妈妈叹了口气，坐在客厅里沉思了一会儿，推门进了豆豆的房间，发现豆豆正在整理以前的卷子和书本。林妈妈也蹲下来，细心地帮豆豆整理书本，突然发现有一个醒目的分数“69”，林妈妈大叫起来：“这是什么考试的分数，我怎么不知道？”那语气大有逼供的味道，“哎，老妈，这都是一年级的时候了，当时你还打了我呢，以我现在的能力，睡着了考试也不止这个分数。”豆豆跟妈妈开玩笑，林妈妈松了口气，赫然想起了有句话叫作“对孩子，纵向比不要横向比”，她有些不好意思地说：“整理了你以前的成绩，真看出来你进步很多，而且这个月的成绩已经明显比上个月高出了不少，妈妈错怪你了，你可不要生妈妈的气。”豆豆向妈妈做了一个鬼脸：“放心吧，我会努力的，妈妈，只要你看到了我的进步，我就会奋勇向前，有一天我也能坐上第一名的位置。”“嗯，妈妈相信你。”林妈妈信心满满地说。

其实，孩子最好不要比较，即便要比较也是纵向比，而不是横向比。这里的纵向比就是比较孩子自身的进步，只要孩子比昨天多了些进步，那就是一种收获；横向比，则是比较与孩子同龄的孩子，许多父母都会用自己孩子某个方面与更优秀的孩子比。这两种比较方法可想而知，前者会让你看到孩子的进步，后者会模糊孩子的明显进步，更提升了父母的期望值。

1.看到自己孩子的优点

许多父母对于孩子的缺点数落不完，一旦被问到孩子的优点，就显得支支吾吾，半天说不上几个来。其实，这是因为很多父母只看到了孩子的缺点，而没有看到孩子的优点；即便是孩子有了一处优点，父母也会横向比较，觉得孩子比更优秀的孩子还是有差距，这样一种心理会促使过高的期望值模糊了父母的眼睛。所以，父母应该看到孩子的优点，只要孩子显露出了一处优点，那就是值得赞赏的地方。

2.孩子细小的一步，也是值得称赞的一大步

与同龄最优秀的孩子相比，可能自己的孩子总是显得不那么突出，方方面面都不尽如人意。但是，比起昨天的表现，你的孩子是否已经前进了一小步呢？以前他可能英语成绩不及格，但现在几乎都能跨过及格的大关，取得了良好的成绩；或许他离优等生还有一段距离，但是孩子的进步却是明显可见的，因而这也是值得称赞的一大步。父母要善于去发现孩子每天的一点进步，可能他今天变得有礼貌，他懂得了尊重他人，他开始学会关心妈妈了，等等，这点点滴滴的进步看起来微不足道，却是孩子作出的努力，值得每一位关心孩子成

长的父母进行大力的赞赏。

3.降低自己的期望值

对孩子不满意的根源，就是父母有着过高的期望值，大多数父母会关注到别人孩子的成绩，继而对自己孩子不满意，这就是典型的横向比较。教育专家指出，父母对孩子不满意，可能会引发孩子的心理问题，若孩子所承受的心理压力过大却又找不到释放的渠道，这时候就容易出现问题。这时候，父母要改变观念，好孩子的标准是既要学习好，又要身心健康、人格健全。父母要降低自己的期望值，鼓励孩子的点滴成就，平等地与孩子进行沟通，尽可能地避免使用刺激性的语言来对孩子造成伤害。

心理启示

孩子在纵向比中能增强自信心，在横向比中却可能丧失信心而变得自卑，所以，父母要关注到孩子的每一点细小的进步，多进行纵向比而不是横向比。

投射效应：尊重孩子的梦想

父母往往把自己未能完成的梦想或目标投射到孩子身上，逼迫孩子学习他不喜欢的东西，结果适得其反。在现实生活中，父母往往喜欢为孩子设计梦想，甚至擅自做主地刻上自己梦想的痕迹。

当孩子迈进了幼儿园，父母就为孩子规划一步步的成长历程，还想好了孩子以后要读什么专业，成为一个什么样的人。这时候，有些父母会不顾孩子的兴趣与想法，强行要求孩子沿着自己设计的轨道发展，如果孩子逆反了自己的意愿，就大声责骂孩子，否定孩子所取得的成绩。

孩子小学三年级的时候，妈妈在同事那里听说，孩子如果作为特长生上中

学，会有加分的优厚待遇。妈妈想起了孩子的绘画才能，兴奋地跑回家给孩子说了大半天，可是孩子却反应平平。妈妈擅自做主给孩子报了绘画培训班，并把这一消息通知给孩子，孩子显得很生气：“妈妈，我还没有说自己要去学习绘画呢，我长大之后不想当画家，再说现在功课这么紧张。”妈妈不以为然：“妈妈也是为你好，这样你上重点中学就有把握了，妈妈已经把学费都交了，我的小乖乖，你就去学吧。”孩子在妈妈的强烈催促下，无奈去上了绘画培训班。可是，后来孩子的绘画非但没有取得进步，反而退步了，而且由于学习时间耽误得太多，成绩也下降了。

孩子到了一定的年龄阶段，他的自我意识便越来越明确，他会有自己的想法和梦想。在他那小小的心里，他甚至想好了自己要成为一个什么样的人。这时候，父母要尊重孩子的梦想，积极引导孩子，呵护孩子的梦想，不要打击，也不要否定，而应给予全力的支持。父母作为孩子的领航者，应该帮助孩子自己设计梦想，给他的梦想装上两只翅膀，给孩子一个广阔的天地，让梦想翱翔于蓝天。

1.尊重孩子的梦想

父母在培养孩子某些方面的能力的时候，必须首先征求孩子的意见，尊重孩子的梦想。这时候，父母可以依据孩子平时的兴趣去理解孩子的梦想，明白孩子真正需要的是什么。就算是孩子的梦想与自己设计的有一些偏差甚至严重脱节，父母也要冷静地与孩子沟通，以孩子的梦想与选择为主，在尊重孩子梦想的基础上，向孩子表露出自己的想法，让孩子充分理解父母的想法。但是，最终的选择权还是要交给孩子，父母千万不能替孩子擅自做主。

2.不要把自己的梦想强加给孩子

有的父母自己是医生，认为医生就是最伟大的职业，于是，他们在对孩子的教育中，就会不断地把自己的梦想强加在孩子身上，希望孩子能成为一名医生；有的父母则相反，他们受够了本职业带给自己的痛苦，他们不断地向孩子灌输这个职业不好，让孩子一开始就对该职业充满了反感。实际上，每个孩子都有自己的梦想，父母可以进行积极的引导，但切忌越俎代庖，把自己的梦想

强加在孩子的身上。

3.呵护孩子的梦想

对于孩子的梦想，只要父母觉得比较合理，就要给予大力的支持，但这并不是简单地点头，也不是马上就要求孩子付诸实际行动。让孩子为了实现自己的梦想而努力奋斗，这也需要考虑到孩子的接受能力。孩子的梦想是一个循序渐进的过程，在孩子萌发梦想之初，父母要精心呵护，不要对孩子的梦想不理睬，也不要企图揠苗助长。父母要以理解宽容的态度来对待孩子的梦想，这样才能使孩子树立稳固的梦想。

如果孩子的梦想有些不切实际，甚至显得很荒唐，这时候，父母也要耐心地询问孩子，与孩子进行有效的沟通。对孩子的想法，需要支持就要给予鼓励，即便是不需要支持的也要先给予肯定，再引导孩子设计自己的梦想。

4.引导孩子把梦想作为前进的目标

孩子的梦想一旦确立了，父母就可以顺势引导，以梦想激励孩子，鼓励孩子采取一定的行动去实现梦想。父母可以在孩子追求梦想的过程中不断地给予鼓励以及一些适当的奖励，让孩子充满自信，追逐梦想。朱永新曾说：“谁在保持着梦想，谁就梦想成真；谁在不懈地追寻理想，谁就能不断地实现理想。”父母在教育孩子时，更需要注重寻找孩子的梦想，编织孩子的梦想，以此引导孩子健康地成长。

心理启示

为人父母者有着望子成龙的心理是可以理解的，但是，为了孩子能够有一个美好的未来，父母要尊重孩子自己的选择，不要把自己的愿望强加在孩子的身上，也不要给孩子过大的压力，这样才能帮助孩子实现美好的梦想。

青蛙效应：别让孩子在温水中沉溺

在现代的许多家庭中，孩子们的需求总是摆在第一位，父母会尽可能地满足他们。这类父母大概从未想过要用“沸水”去刺激他们，大概也从未提醒过自己的“孩子”对温水要有特别的警惕。防止孩子成为“温水青蛙”，父母有责任，且不容推卸。

现在的孩子，绝大多数都是独生子女，父母宠爱娇惯，让孩子产生了极强的依赖性。当孩子在进行一项活动的时候，经常还没有去尝试就喊着说：“我不会。”他们在遇到困难时常常显得灰心丧气，甚至选择逃避。时间长了，他们就成为了惧怕困难的孩子，很容易被困难打倒在地。

放学路上，小坤的心情很沉重，他克制着，不想让自己的眼泪落下来。可是，刚才那一幕情景就像录像一样出现在他的眼前：上课铃响了，老师笑吟吟地走进了教室，对下面的同学说：“这节班会课是竞选班干部……”话还没说完，大家就叽叽喳喳地议论起来……可没想到，积极的小坤最后没有选上班干部。

回到家，妈妈问道：“今天怎么样呢？听说你去竞选班干部了，咋样，选上没啊？”这话说到了小坤的伤心处，他眼睛已经红了，匆忙走进自己的房间，一个人趴在桌子上哭。妈妈有些不解：“这孩子，这是怎么了？”

面对这样的情况，父母也很着急，但却不知道该怎么办，有的父母则直接插手帮助孩子解决困难。其实，当孩子遇到了困难时，需要的是战胜困难的能力，而不是大包大揽的父母。因为在在成长的过程中，他们随时都会遇到困难，总有一天孩子需要独自去面对困难、战胜困难。所以，父母应该有意识地培养孩子战胜困难的能力。

1.引导孩子正确评价自我

每个孩子都有自己的长处和短处，父母应该给予客观正确的评价，如果你只看到孩子的长处，孩子就会在赞赏的目光中骄傲自满，对自身的不足缺乏认识，不能接受失败；如果父母对孩子充满了过高的期望，会增加孩子的压力，

伤害孩子的自尊。这样不能正确自我评价的孩子缺乏一定的自信，会选择逃避困难。因此，父母应该引导孩子正确评价自我，让孩子对自己在实现目标的过程中可能遇到的困难有所预测，这样，孩子就会对战胜困难就有一定的心理准备。

2.放开孩子，让他去做自己能做的事情

有的父母对孩子过分溺爱，事事包办代替，这样会让孩子养成娇弱的特点，以至于遇到困难就不知道怎么办了。所以，父母应该放弃大包大揽的做法，放开孩子，让孩子独立去完成自己能做的事情。比如，孩子在学习上遇到了困难，父母应该鼓励他们自己去思考、解决问题，让孩子在生活中渐渐学会独立面对一些人生路上的挫折和困难。

3.给孩子树立榜样，培养孩子战胜困难的信心

在平时的生活中，父母可以给孩子讲述一些名人战胜困难的故事，让孩子以这些名人为榜样，不畏困难。当然，孩子最好的最直接的榜样就是父母，“身教胜于言教”，父母对待困难的态度和行为会潜移默化地影响孩子的态度和行为。

4.进行适当的批评忽视，培养孩子战胜困难的能力

父母在与孩子一起玩游戏的过程中，总是喜欢让着孩子，让孩子取得胜利，结果让孩子养成争强好胜、自以为是的心态，一旦遭遇了困难，就会沮丧或者丧失信心。所以，父母需要对孩子进行适当的批评和忽视，指出孩子身上存在的缺点和不足之处，偶尔也让孩子尝尝失败的滋味，让孩子学会自我调节。

5.鼓励孩子战胜困难，培养孩子战胜困难的勇气

有的孩子一旦遭遇困难就产生消极情绪，往往会垂头丧气，选择逃避的方式。其实，想要孩子能够独立战胜困难，就要培养孩子面对困难的勇气。当孩子在面对困难的时候，引导孩子采取正确的态度勇敢面对，向困难发起挑战。比如，当孩子害怕去做一件事情的时候，父母应该鼓励孩子：“别怕，你一定能行的！”不断地给孩子加油，培养孩子战胜困难的勇气。

心理启示

心理学研究表明，父母的榜样对孩子行为的形成和改变有着显著的影响。如果父母给孩子树立了不畏困难、战胜困难的榜样，那么就有助于增强孩子面对困难和挫折的信心，让孩子明白世界上并没有唾手可得的成功，而是需要不断地战胜困难，才能取得最后的胜利。

第03章 习惯心理学——培养孩子好的行为

行为日久成习惯，习惯日久成性格，性格日久成命运。所以，培养出良好的生活习惯可以让孩子终身受益。而且，那些好习惯越早养成，孩子受益越早，父母越轻松。通过习惯心理学，可以培养孩子好的行为。

21天效应：建立好习惯的魔法

在行为心理学中，人们通常把一个人新的习惯或理念的形成并得以巩固至少需要21天的现象称为21天效应。这是说，一个人的动作或想法，假如重复21天就会变成一个习惯性的动作或想法。

叶圣陶先生曾经说过：“什么是教育？简单一句话，就是养成习惯。好的习惯一旦养成，不但学习效率会提高而且会使他们终身受益。”父母千万不要小看了“习惯”，孩子一旦养成某种习惯，改起来会很难，好习惯是这样，坏习惯也是如此，孩子的习惯一旦形成，就会直接影响孩子的行为方式。俗话说：“三岁看大。”这就强调了习惯的重要性。所以，想要培养孩子良好的习惯就要从孩子日常生活的细微处着手，也就是那些往往被父母忽视的小事，比如不爱干净、不尊重人、办事拖拉、不认真、不上进，等等。

虽然，孩子也有着很多好的习惯，可是妈妈还是发现了孩子身上还有许多不良的习惯，特别是吃饭的时候，一眼就可以看出来。孩子不仅有严重的偏食现象，而且吃饭时满桌满地都是饭粒，这让妈妈很不满意。刚开始的时候，妈妈在吃饭之前就提醒他要保持桌面干净，告诉孩子不要把垃圾放在桌面上，要放在餐盘空的地方，也警告孩子：“不能只吃自己喜欢的，要每一种菜都要尝尝，否则妈妈下次就专门做一些你不喜欢吃的菜。”可是，孩子还是改不过来，甚至会对妈妈说：“我不吃饭总可以吧。”饭桌上依然一片狼藉，惨不忍睹。妈妈对此很苦恼。

一位诺贝尔奖的获得者，在被记者问及成功经验从何而来时，他说：“我的成功不是在哪所大学、实验室里得来的，而是从幼儿园里学来的。在幼儿园里，我认识了我的国家、民族，学会了怎样与人交流、相处，如何分享快乐，知道了饭前便后要洗手，玩完玩具要收好，对待别人要有礼貌、学会谦让、善于观察等”。由此可见好习惯所带来的巨大收益，小时候养成的良好习惯对人们一生都有决定性的意义。

1.培养孩子良好的习惯

俗话说：“习惯成自然。”习惯一旦形成之后，就具有一定的稳定性，这就需要父母与孩子的努力。而那些不良习惯的改正则需要花更多的时间和精力，与其花费大量的时间来纠正孩子不良的习惯，不如一开始就让孩子养成良好的习惯。当然，好习惯不是一朝一夕就能养成的，必须经过长时间的训练才能够逐步养成。

所以，父母对孩子的要求要有一定的持续性，不能三天打鱼两天晒网。另外，父母在培养孩子良好的习惯时，还需要具有连贯性，比如孩子的爷爷奶奶、外公外婆会比较宠爱孩子，助长孩子的不良习惯，父母对孩子要求则比较严格些，这时候，就需要稳定地坚持一种教育方式。

2.帮助孩子纠正不良习惯

虽然父母十分注意孩子的生活习惯和学习习惯，但孩子还是免不了会有一些坏习惯。这时候，就需要父母帮助孩子纠正不良的习惯。教育孩子是一门科学，必须讲究方法，纠正孩子不良的习惯也是同样的道理。父母要以鼓励提醒为主，切忌打骂斥责，进行正面引导，动之以情，晓之以理，循循善诱，在孩子改掉不良习惯的同时，也要把好的习惯渗透到孩子心里，让孩子养成良好的生活习惯和学习习惯。

3.父母的表率作用很重要

培养孩子良好的习惯，父母要从自身做起，如果父母本身就没有好习惯，比如不爱干净、花钱大手大脚、喜欢说脏话、做事不认真，这时候孩子看在眼里，记在心里，时间长了，耳濡目染，就会逐渐把父母身上的不良习惯集于自己身上。所以，想要孩子养成好习惯，父母就必须做出榜样和表率，那些有着不良习惯的父母也需要努力纠正，不断地完善自己，这既是教育孩子的需要，也是自己成功人生的需要。

不少教育专家指出："好习惯带来孩子的好命运。"一个人的习惯的力量是巨大的，一旦他养成了一个习惯，就会不知不觉地在这个轨道上运行。如果是一个好习惯，孩子将会受益终身，童年则是培养孩子习惯的最佳时期。

主动性原则：让孩子学会自我管理

许多父母总是抱怨孩子太"懒"了，做什么事情都需要自己提醒，否则他就坐在那里一动不动。其实，出现这样的情况，原因是多方面的：有的孩子是没有养成主动做事的习惯，孩子的天性是比较敏感的，他们的注意力和兴趣容易很快转移，不能长久地保持，因而不能很专注地做一件事情，做起事情来常常是"有头无尾"，或者毛毛躁躁，他们在写作业的时候，总是一会儿去喝水一会儿去洗手间一会儿又在窗户边上；有的孩子是受到周围环境的影响，他们注意力不集中，总是被外界的东西所影响，比如玩具、动画片，这时他们就会停止手中的事情，把注意力转移到另外的事情上去。

孩子很聪明，十分可爱，全家人都很喜欢他，不过让爸爸妈妈有一点不满意的就是他太"懒"了。妈妈常常这样说他："你就像那癞蛤蟆，我推你一下，你才走一步，从来不会主动向前走。”刚开始听到这句话，孩子很不理解，因为他没有看到过癞蛤蟆。

平时放学回家，总是要爸爸妈妈催促三四遍：“该写作业了”，“放学了就应该先把作业写了再玩，否则一会儿不许吃饭”“宝贝，快来写作业，别玩了”“乖，听话，赶快来把作业写了”……最后，孩子总要出去玩几次，才能把作业写完，有时甚至会捱到深夜。对此情况，爸妈很是头疼。

除此之外，孩子之所以会“懒”，在很大程度上是被父母惯出来的。有时候，孩子的事情没有做好，父母发现了，为了省心省事，父母就大包大揽，让孩子失去了主动做事情的机会，继而使孩子产生一种依赖感，养成做事需要有人提醒的习惯。这时候，如果父母不能正确对待，再加上孩子的模仿能力又强，就会使一些不良行为在孩子身上得以滋生。

1.言传身教

父母是孩子的第一任老师，因而，父母教育孩子的最好方式就是言传身教。父母除了鼓励孩子去主动做事情，还需要以实际行动来告诉孩子主动去做事情是一种好习惯，也会从中获得许多有益的东西。比如，当孩子做完一件事情时，父母应给予赞赏，并把孩子的成果展示给他自己看，让他获得一种成就感。当父母做出了榜样，给孩子树立起了良好的形象，孩子就会受到积极的影响，继而学会主动去做事情。

2.培养孩子主动做事的习惯

在日常生活中，大多数孩子做事都是毛手毛脚，虎头蛇尾，这时候父母应该制止孩子们这种不良行为习惯的蔓延，进行正面引导，同时也要给予孩子一定的鼓励。当孩子在做一件事情的时候，父母应帮助指出明确的目的，对孩子做事的方法给予指导。从日常生活中的一件件小事做起，慢慢地培养孩子主动做事的习惯。

3.促进孩子主动做事的积极性

有时候，孩子做得不是很好，父母动辄一顿指责，“做不好就别做了”，这样会打击孩子主动做事的积极性，在下一次，他就不会主动去做事了。父母

应该鼓励孩子去做事，即便孩子做的事情不是那么令人满意，父母也应该先肯定孩子的成绩，这样可以有效地促进孩子主动做事的积极性。

4.适当地激发孩子

孩子缺乏做事的主动性，父母的态度是很重要的。当孩子有偷懒的念头时，父母应该适当地用语言去激发孩子，站在孩子的角度，用鼓励性的语言来激发孩子，向孩子提出一些要求。这样，孩子就会在父母的鼓励下主动去做一些事情，他也会认为主动做事并没有想象中那么困难。

心理启示

当父母发现孩子做事缺乏主动性时，应该进行正面教育，加以鼓励，并进行引导，这样才能帮助孩子克服做事毛躁的不良习惯，使孩子养成主动做事的习惯。

糖果效应：决定孩子成功的是自制力

糖果效应是由心理学家萨勒提出的，他做了这样一个实验：对一群都是四岁的孩子说，“桌上放着两块糖，假如你可以坚持20分钟，等我买完东西回来，这两块糖就给你。不过你如果不能等这么长时间，那就只能得一块，现在就可以得到一块！”这对于四岁的孩子而言，确实面临着艰难的选择。孩子们想得到两块糖，又不想为此熬20分钟；如果想马上吃糖，那只能吃一块。实验结果得知，三分之二的孩子宁愿等20分钟得两块糖，不过他们难以控制自己的欲望，有的孩子则把眼睛闭起来，或双臂抱头；三分之一的孩子选择马上吃一块糖，几乎一秒钟就把糖塞进嘴里了。

从这个实验中我们可以看出，孩子自制力的建设需要反复进行才能有所效

果，对孩子喜欢奢侈浪费的行为进行控制，也要在平时完成。

乐乐好像从来都不珍惜东西，很贵的水果吃两口就会丢在一边去玩耍，鲜美的基围虾吃两口后说不吃就吐在餐桌上，发脾气时还会故意把东西扔在地板上。看到乐乐这样子，爸爸妈妈真担心她长大后会养成奢侈浪费的坏习惯。

乐乐的玩具堆满自己的小公主房，但她好像一点也不爱惜，喜新厌旧不说，最喜欢做的事情就是把玩具砸坏。比如几百块钱的名牌车模硬是要买回来，结果摆在家里的小柜子上瞧也不瞧一眼，正品的小熊维尼被撕毁拉链挖出了内芯，高昂价格的机器狗被她在地板上摔来摔去。爸爸妈妈希望能够给孩子提供一个物质丰富的快乐童年，尽管有点心痛，不过只要买得起，还是忍不住给孩子不断购买新的高档玩具。

随着社会的不断进步，人们的经济生活也日益发展，继而提高了消费意识。在这其中，孩子成为了社会消费的主力军，他们的消费水平在不断地上涨，没有限制地攀比浪费现象层出不穷。现在，大多数孩子都是独生子女，被父母视为“掌上明珠”“小皇帝”，父母的过分宠爱对孩子的身心发展会形成一种消极影响，尤其会助长孩子浪费的不良习惯，使孩子勤俭节约的意识淡薄。许多孩子都存在着不珍惜劳动成果、不爱护公物、铺张浪费等不良习惯，为此必须引起每一位家长的重视。

爱默生曾经说：“节俭是你一生中食用不完的美丽宴席。”但在我们身边，有着太多这样的声音：“这个玩具太旧了，扔了！”“我要买汽车、遥控飞机，我要买很多很多玩具”。“我觉得衣服太少了，我要买很多很多新衣服。”孩子虽然还很小，但花钱如流水的习惯已经养成了，其实，作为父母，我们应该明白即使生活富裕了也不能丢了“勤俭节约”这个传家宝。

那么，如何培养孩子勤俭节约的美德呢？

1.培养孩子勤俭节约的意识

父母可以通过讲一些故事教育和引导孩子从小就要勤俭节约，不贪图享乐，不爱慕虚荣。在家里经济条件许可的情况下，吃好一点穿好一点是可以的，生活和学习的环境舒适一点也是可以的，但不能让孩子忘记了勤俭节约。

父母要教会孩子量入为出，给孩子讲勤俭持家的道理，使孩子懂得一粒米、一滴水都是辛勤劳动而来的。衣食住行也是父母花力气挣来的，培养孩子勤俭节约的意识，这也是塑造良好品德的开端。

2.父母要做好榜样

想要孩子养成勤俭节约的习惯，父母自身就要勤俭节约，如果做父母的花钱也是大手大脚，那孩子爱浪费就不足为怪了。喜欢模仿是孩子的特点，孩子的许多行为都是从模仿开始的。父母是孩子的第一任老师，你的一言一行，一举一动都会对孩子性格、品德的发展产生潜移默化的作用。父母在平时的生活中要勤俭节约，为孩子做好榜样，比如，随手关灯、不浪费自来水、爱惜粮食等，以自己良好的行为举止作为表率去感染孩子，使孩子真正地养成勤俭节约的良好行为习惯。

3.让孩子体验劳动

父母可以引导孩子进行一些力所能及的劳动，通过劳动来收获来之不易的果实。比如在农忙的时候，父母可以带着孩子一起去拾稻穗，使他们理解什么是“谁知盘中餐，粒粒皆辛苦”，继而培养孩子热爱劳动、勤俭节约的习惯。另外，父母可以让孩子收集家里的旧物品，卖掉的钱可以存起来，然后捐助给那些贫穷的孩子。那些使用过的东西可以重复使用，比如用易拉罐做一个花篮，这样既让孩子体验了劳动，也可以培养孩子勤俭节约的习惯。

4.引导孩子合理利用金钱

父母通常都会给孩子零花钱，但给孩子零花钱要有计划，适当地限制数额，不要有求必应，应该依据孩子的年龄、实际用途和支配能力来给予。另外，引导孩子学会记账，设计一本“零花钱记录本”，对自己的零花钱的去处进行记录，父母还可以与孩子一起讨论，哪些钱是该花的，哪些钱是没有必要花的，让孩子们明白花钱要有针对性。

心理启示

实际上，让孩子从小养成勤俭节约的习惯是很重要的，问题并不在于有没有钱给孩子花，而是要让孩子懂得钱来之不易，应该用在关键的方面，而不是过度地挥霍，否则只会使孩子成为铺张浪费的纨绔子弟。

手表定律：父母教育意见要统一

拥有两块以上的手表并不能使人更准确地判断时间，反而会制造混乱，让看表的人失去对时间的判断，这就是著名的手表定律。这个心理定律给我们的启示是：每个人都无法同时挑选两种不同的行为准则或者价值观念，否则那个人的行为将十分混乱。在教育过程中尤其是这样，父母意见要统一，如果无法做到统一，就如同两块手表一样，让孩子感到很混乱。

妈妈在行为准则上很注意引导孩子，从小就教导孩子要知礼仪。在老师的建议下，孩子很小就学了《三字经》《弟子规》等传统文化，是个出了名的乖孩子。无论做事还是说话，都透露着大人的影子，在老师和同学的眼里，他也绝对算是一个既聪明懂事又会学习的好孩子。

可是，爸爸却不同意妈妈的这一教育方式，他据理力争："墨守陈规是不可取的，应该培养孩子创新的能力。"于是，爸爸鼓励孩子要多坚持自己的想法，千万不能随波逐流，要有创新精神，即使被老师批评了也没有关系。爸爸和妈妈之间的教育思想产生了冲突，两个人经常争论，有时候还会发生争吵。

父母对孩子的教育思想不统一，这对孩子的心理发展是极为不利的。当父母双方难以达成统一的教育思想，就会使两人的教育同时被弱化，这样会让孩子感到无所适从，也会混乱了孩子的是非判断标准。孩子小时候不知道该听谁

的，长大后却可能谁的都不听了，他已经厌倦了那种不同教育思想的争执，这样的孩子在做事时就会患得患失犹豫不决。

另外，这样还极有可能让孩子形成一些不良的行为习惯，因为父母二人的教育方式可能都是有所欠缺的，比如溺爱与棍棒教育，孩子面对这样不同的教育，就会沾上一些不良的行为习惯，继而影响他的一生。

1.父母要“统一战线”

在日常生活中，父母会在孩子的教育上有意见分歧，这时候，双方都认为自己教育孩子的方法是对的，而对方那种教育方法是错误的。双方都从这种“自以为是”的心理出发，每次在教育孩子的时候，常常因为看不惯对方的做法而产生争执。这样，就会让孩子在观念上产生混乱，是非价值判断混乱，不知道自己到底该怎么做。而且，父母的教育思想若长期不一致，就会互相指责，继而发生争吵，这样会影响两人之间的感情，也给孩子心理带来不良的影响。所以，父母要统一教育思想，两人通过商量的方式来沟通，尽量使彼此的意见达成一致性。

2.多涉猎一些教育方面的知识

教育孩子是一门学问，对孩子的教育是父母共同的责任。而孩子身心的健康成长需要和谐的家庭教育，不能只靠父亲或母亲一方的教育，而是需要父母二人的共同教育。当父母在教育孩子的时候，态度要统一，口径要一致，互相商量，对一些不懂的地方，要向有关教育专家请教，或者学习一些儿童心理学、教育学和生理学方面的知识。

父母在教育孩子的问题上，之所以会出现那么多的困扰，重要原因之一就是缺乏科学的认识。所以，父母要想教育好孩子，就要学一些科学方面的知识，懂得科学的教育方法。

3.切忌当着孩子的面为教育分歧而争吵

父母对孩子的教育意见不一致的时候，不要当着孩子的面批评另一方，这样会让对方都感觉丢面子，容易发生争吵，而且被批评的那一方也会因为在孩子心中的形象受影响而消减了其教育力度。这时候，父母双方都要学会克制自

己的情绪，先避开孩子，两人共同协商出一个最好的解决办法。若在教育孩子的过程中，由于父母的教育方法不当而伤害了孩子，这需要父母向孩子真诚地道歉。

4.让孩子自己选择

当父母的教育思想不一致的时候，还可以听听孩子的感受，让孩子作出选择。当然，让孩子自己选择，并不是把矛盾推给孩子，而是通过孩子的选择，避免分歧的教育。另外，让孩子选择，主要是为了能够成功地在孩子身上实施，因为不管你的教育思想有多先进，它唯一的目的就是让孩子能够接受。

有些教育方法在孩子身上是没有效果的，而且孩子个性特点不相同，他所接受的教育方式就有所差别。并不是说孩子的选择就是正确的，而是要父母尽可能地从孩子的角度出发，协商出适合孩子特点、利于孩子健康成长的教育方式。

心理学家认为，在家庭里，教育孩子是父母共同的责任，但是，在教育孩子的问题上，许多父母都存在着分歧的意见，经常会产生种种矛盾，这时候还会影响父母在孩子心中的形象。父母之间如果存在着教育分歧，并常常把这样的分歧暴露在孩子面前，就很容易降低父母的权威性，继而影响父母的教育效果。

水滴石穿定律：培养孩子耐力的绝招

水滴石穿，不是水的力量，而是坚持的力量。孩子缺乏耐力主要表现在做事缺乏计划，想什么时候做就什么时候做，想什么时候放弃就什么时候放弃；

做事情经常做到一半就放弃，不知道为什么要坚持下去，也不知道怎么样坚持下去。父母作为孩子的领航者，需要引导孩子认识耐力的重要性，并积极地培养孩子坚持不懈的耐力。当然，这是一个循序渐进的过程，也需要父母拿出自己的耐力。

军军是一个兴趣广泛的小男孩，他什么都想干，但常常是这个没有干完，又去干下一个，结果没有一件事情能够干好。妈妈发现军军做事情很盲目，缺乏目的性和针对性，总是想做什么就做什么，累了就选择放弃，从来不会坚持到底。为了培养军军的耐力，每天睡觉前，妈妈都会让孩子将自己的书包整理好，再到卫生间洗脸洗脚，军军有时候会做到，但有时候太累了，就趴在床上睡着了，这让妈妈很伤脑筋。

周末，小表弟来军军家玩，和军军比赛搭积木，看谁搭得又快又高。虽然这是军军从小就会玩的游戏，但军军明显地表现出心不在焉的状态。只见小表弟有条不紊地将积木一块一块地往上搭，倒了就重来，积木搭得越来越高了。那边，军军可没有那个耐力，一会儿就觉得不耐烦了，他随便找出一块积木就往上搭，结果积木全塌了。

坚持不懈地做一件事，需要很大的耐力，孩子的耐力是需要培养的，尤其是对于兴趣很容易转移的小孩子来说，培养他的耐力更是刻不容缓的事情。现在，许多孩子稍微遇到一点儿困难就选择放弃，这对于他们未来的人生是极为不利的。因此，培养孩子坚持不懈的耐力应该从小做起。

如何让自己的孩子有耐力呢？若孩子不愿意继续完成一件事情，难道打骂就能解决问题吗？作为新时代的父母，必须摒弃落后的“棍棒”教育，必须坚持不懈地培养孩子的耐力。

1.以鼓励奖赏为主

如果父母能够为孩子制定可行的目标，他做起事情来自然就会有耐力。比如，当孩子想要某种东西的时候，父母可以要求他先达成一定的目标，当他完成这个目标时，就把某样东西作为奖品给他。当然，随着孩子年龄的增长，他所想要的目标也越来越高，不再是小时候喜欢的棒棒糖或者玩具，这时候，父

母就要以合理的原则来为孩子设定目标，让孩子自己把握努力的成果。比如，孩子想去旅游一次，那么，父母就可以有意识地把这一目标当作奖品，让孩子朝着目标完成一个阶段性的任务，可以是一学期的成绩，也可以是学习某种特长。有时候，父母也可以把制定目标的自主权交给孩子，让孩子提出一些要求，至于那些奖品，父母只要觉得合理就可以了。

2.在玩耍中锻炼耐力

爱玩是孩子们的天性，他们往往能长时间地保持玩耍的状态，这其实也是一种耐力。父母应该巧妙地在玩耍中锻炼孩子的耐力，让孩子把游戏当作比赛，以获得成就感来作为奖励。为了让孩子有耐心，父母可以和孩子一起融入到游戏中去，你可以在玩的过程中故意出错，让孩子找出错误在哪里，这样孩子就能集中注意力，长时间地专注于某一件事。专注力是忍耐力的基础，只有培养了孩子的专注力，他的耐力才不会有问题。

3.历练中锻炼耐力

其实，孩子的兴趣越广泛，就越容易磨炼出他的耐力。一个人的耐力，实际上就是建立延迟满足欲望的能力。在这一过程中，孩子保持了长久的耐力，情绪没有上下波动，他的耐性自然而然就建立起来了。所以，父母可以安排孩子多参加不同类型的兴趣活动，如果孩子喜欢唱歌跳舞，父母就鼓励他积极参与，孩子在兴趣的激发下愿意接受历练并考验自己。只要父母尽可能地把这样一个空间和平台提供给孩子，这就是一个良好的开端。

4.给孩子一个挑战的机会

许多父母认为孩子太小了，一些事情可能难以长时间地坚持下去，这也是很正常的。其实，只要父母相信孩子能够做到，并给孩子一个挑战自我的机会，那么孩子就一定有耐力去完成。父母可以选择一些孩子现在做不到但他们本身有能力做到的事情，引导他们去完成，不要让孩子轻易地放弃。

面对挑战，父母应该与孩子共同设定一个具体的目标，帮助孩子不断地尝试挑战自我，树立进取心。比如，孩子不喜欢运动，总是跑一会儿就停下来了，这时候，父母可以给他一个今天的路程目标作为今天的任务，明天再追加

到多少，这样时间长了，孩子就会有足够的耐力。

心理启示

耐力对于孩子的成长很重要，成功其实不过是你比别人耐力强了一点，坚强地支撑了更多的时间。耐力是成功必备的条件之一，如果父母想要孩子在未来的人生中取得成功，那么，有意识地培养他的耐力是必须的。

最后通牒效应：今日事今日毕

最后通牒效应启示我们：设定最后期限，你的效率会更高。许多孩子都有做事拖沓的习惯，他们常常会因为贪玩而耽误了作业，父母问他原因，他还会搬出很多借口。其实，孩子有这样的习惯对他的未来是相当不利的，习惯虽然不能决定一切，但一定程度上可以影响他做事的效率和风格，尤其是对于小孩子来说，一个小小的坏习惯有可能会成为一生的阻碍。

中午，林妈妈打电话回家，问小虎作业完成得怎么样了，小虎兴奋地告诉妈妈“马上就写完了”。可是，晚上妈妈回家了，小虎却不好意思地跟妈妈说：“我下午多看了一会儿电视，作业没有写完，但没有多少了，明天玩完了回来也可以写的。”妈妈太了解小虎了，明天回来他也会说累了不想写，因此，林妈妈很生气：“昨天晚上和今天早上，你都向妈妈作了保证，今天的作业必须写完，不能拖到明天，既然你今天的事情没有做完，那么晚上继续写。你可以拒绝不写，那么明天去公园的计划就取消。”看到妈妈这样严厉，小虎晚上加班写完了作业，第二天妈妈也兑现诺言带他去了公园。

从这一次之后，小虎就明白了一个道理：做任何事情都不要拖沓，今天的事情必须今天做完，否则就会影响到明天的事情。其实，早在以前，林妈妈就意识到了小虎的坏习惯，那就是做事喜欢拖拉，问他为什么没有完成，他就找借口，林妈妈觉得这样的习惯很不好，于是采取最严厉的方式让小虎改掉了坏习惯。现在，小虎每天都会把该写的作业做完，假期的时候，还会提前写完作业，这样他就有更多的时间来玩耍了。不仅如此，小虎还成了爸爸和妈妈的监督者，当爸爸和妈妈宣布今天要完成哪些事情后，如果他们没有完成，小虎就会搬出妈妈的理论来监督他们。在监督爸爸妈妈的过程中，小虎也明白了“今日事今日毕”的重要性，也学会了克制自己的惰性和贪玩心理，他把这句名言贴在自己的房间，以此来勉励自己。

孩子为什么做事拖沓，为什么不能主动规划本来属于自己的事情？主要原因在于父母把所有事情都做好了，孩子一旦形成依赖性，就会养成做事拖沓的习惯。而且孩子根据以往的经验，一旦自己做不好事情，身边总有父母急着指责，这时孩子就索性说：“我就是不会做，所以你全部替我做了吧。”

1.短时间训练

给孩子一分钟，让他做题、写汉字、写数字，通过这些训练让孩子体会到时间的宝贵，原来一分钟可以做很多这样的事情，从而珍惜时间。当然，在这个过程中，渐渐地通过奖励积分制度引导孩子参与，毕竟孩子通常只会在前期兴趣十足，之后会逐渐失去新鲜感，因此父母应给孩子设定挑战的目标，不断激励尝试。

2.别催促，多表扬

当孩子做事磨蹭的时候，许多父母喜欢责备、不断催促，结果越催，孩子动作越来越慢。反之，如果孩子做事情速度快，父母就表扬。事实上，父母应该多表扬，忽视孩子做得不足的地方，通过适当的表扬，激发孩子内在速度的动力。

3.给予孩子一些自由的时间

许多父母习惯把孩子的时间安排得紧紧的，在孩子完成老师布置的作业后，还会安排其他的诸如英语培训、作文培训等。这时孩子也会感觉到，只要自己有空闲时间，父母就会安排任务。那孩子在做作业时就会边写边玩，这样

就会拖很长时间。

4.训练生活习惯

父母应该给孩子规定时间，要求他在规定的时间内完成自己要做的事情。比如孩子和妈妈比赛穿袜子，看谁的速度快，在比赛之前教孩子怎么穿，如此循序渐进地训练。在比赛时，父母可以故意放慢速度，让孩子有赢的机会，在不经意间输给孩子，这样让孩子养成做事迅速的习惯。

5.让自然后果教育孩子

如果孩子做事经常磨蹭、拖拉，什么时候都需要父母催促，那父母可以试着不去理会这样的情况。既然他喜欢睡懒觉，就让他睡好了。本来小小的年纪自尊心就很强，如果他因为睡懒觉而迟到了，被老师当堂批评，自然会感到很羞愧。时间长了，他也就改变了拖拉的坏习惯。

心理启示

有的孩子做事情拖拉或者磨蹭，有自身的原因，也有外来因素的影响。比如孩子贪玩、受到不应有的干扰、因问题难以解决而犯愁犹豫，这都可能造成孩子拖拉或磨蹭的习惯。生气不如用心，花心思帮助孩子找出原因，对症下药，就能改掉孩子的这些坏习惯。

第04章 学习心理学——找到适合孩子的学习方法

要孩子学会学习，必须培养其良好的学习习惯。大部分学习成绩好而且稳定的孩子，必然是从小就形成了良好的学习习惯；而成绩时好时坏的孩子，往往是因为缺乏良好的学习习惯。良好的学习习惯有哪些呢？如何培养呢？

目标效应：学习需要计划和目标

目标效应启示我们：所有的成功者最初都是由制定一个小小的目标开始的，一旦拥有了目标，你就会产生无穷的力量。孩子的学习需要目标，没有目标的学习，就好像走路没有方向和终点，那简直是漫无目的的徘徊，孩子难以有积极性和主动性，更不会为寻找最合适的学习方法而努力。

周末，妈妈和爸爸带着田田去了外公家，还没有走进家门，田田就向外公怀里扑去了。外公用胡须扎了扎田田的脸，笑着说："咱们田田长大了，现在是小学生了，再也不是那个哭哭啼啼的小娃娃了。"田田摸着外公的胡须，外公抱着田田："小学一年级第一学期吧？"田田点点头，外公继续说道："这可很重要，开门第一炮，打算期末考试考多少分呢？全部考一百分外公可有奖励呢！"田田好奇地看着外公："什么奖励？"外公放下田田："你想要什么，外公就给你买什么，好不好？""好，这可是你说的啊，不许反悔哦。"田田一边向妈妈跑去，一边喊着："妈妈，妈妈，我要考一百分，我要考一百分。"妈妈搂着田田，笑着点点头。

从外公那里回来，妈妈就为田田制定了学习计划：按时完成老师布置的作业；学会预习功课；每天认识一定数量的生字；多做算术题；照常上课外班，

那是田田喜欢的跆拳道。学习目标就是争取在期末考试中每科成绩都考一百分。妈妈为了提高孩子的学习效率，还规定了写作业的时间。当然，学习计划刚开始施行的时候，田田精神很足，每天都按计划学习；后来，他就显得有点儿心不在焉了。妈妈觉得田田学习量有些大，调整了一些学习时间，并增加了奖励制度，比如周末带着田田去公园玩，全家一起去吃肯德基，以激励奖励为主的教育方法，很快使得田田喜欢上了学习，对制定的学习计划也欣然完成，学习效率有所提高，学习能力也大大增强。妈妈觉得要让孩子玩得痛痛快快，学得踏踏实实，这样他在学习上就会事半功倍。

当孩子告别了以游戏为主的幼稚园，来到了以学习为主的小学校园，几乎每一位家长都关心孩子的学习，希望孩子能全方面地学习，但有的父母却不得要领，事事躬亲，却见不到成效。

1.制定可行的学习计划

面对孩子的学习问题，有的父母觉得孩子还小，没有必要拟定什么学习计划，任他们自由发展就行了；而大多数父母，则都为孩子制定了学习计划。虽然在现实生活中，绝大多数孩子都有在父母帮助下制定的学习计划，但往往不能成功地施行。主要原因在于他们的学习计划不合理，不是太空泛，就是太具体。

有的父母制定的学习计划太空泛了，没有任何具体可施行的操作性，所以，学习计划根本没有发挥出它应有的作用；有的家长制定的学习计划太具体了，甚至具体到几点几分做什么，孩子不是士兵，他们根本不可能这么严格地完成，结果慢了半拍就会使其他部分受到影响，最终使整个计划都无法完成。因此，合理可行的学习计划应该是“长计划、短安排”，合理支配孩子的时间，不能让孩子感受到太忙碌，也不能太放松，要让孩子“玩得痛快，学得踏实”，这样的一个学习计划由父母与孩子共同制定最好。

2.制定合理的学习目标

也许，许多父母都认为孩子在小学一年级应该取得优异的成绩，诸如科科都是一百分，这在大人看来并不是一件难事。但是，并不是任何一个孩子都会认为小学一年级的课程相当简单，有的孩子也会感到有一些难度。父母应该为孩子制定合理的学习目标，而不应强行地要求“你必须考到一百分”，否则孩子就会感到很大的压力，小小年纪的他也会不由自主地担心“要是我没有考到一百分怎么办”，这样的忧虑心理将直接影响他的学习，也会使他产生一种厌烦情绪。父母应该让孩子明白，只要你比上一次进步就好了，以此来勉励孩子不断地进步。

3.养成良好的学习习惯

良好的学习习惯对于成功地完成一个学习计划是必不可少的，父母可以和孩子共同制定一个作息时间表，以此保证孩子每天都能有充足的睡眠。另外，孩子在小学学习期间表现出最大的缺点就是注意力不集中，父母也可以有意识地培养孩子的专注力。时间由短到长，可以先从孩子比较感兴趣的事情开始训练；父母可以通过讲故事，吸引孩子的注意力，并通过提问来集中孩子的注意力；在生活中，父母可以请孩子帮忙拿一些东西，由一件到多件，请孩子一次性完成，比如“请你帮我拿一个梨子、两个苹果、一把水果刀和一些牙签”。

另外，在施行学习计划的过程中，还需要注意几个问题。孩子在完成作业的时候，需要有时间概念，不能一道题就耗时良久；尽量不要在孩子学习时打扰他们；帮助孩子不要受到各方面的干扰，比如不要在书桌上放一些玩具和零食；刚开始的时候，父母可以监督和指导孩子学习的情况，渐渐地就要有意识地培养孩子的自觉性，培养孩子独立写作业的习惯。

心理启示

实际上，父母作为孩子的领航者，应该帮助孩子制定可行的学习目标和学习计划，以兴趣作为孩子最好的老师，让孩子在愉快中学习。孩子不能主动学习，甚至连作业都需要父母监管的重要的原因就是孩子学习没计划和目标，缺乏目标激励。

兴趣效应：给孩子的兴趣安个“家”

身为父母者，永远不要对孩子失去信心，对孩子要多一些鼓励，让他们明白，每个人最终都会找到适合自己的事情。在教育孩子时，所有父母都渴望将自己的孩子培养成全才，样样出色。但是，事实上，除非你的孩子是天才，否则要想每一门功课都很出色，无疑是很困难的事情。哪怕是被誉为天才的爱因斯坦，在童年也免不了被人称为白痴。

阳阳12岁，是一名初一的学生。他在小学时成绩还可以，处于班级的中等水平。但自从上了初中之后，他经常因为低分的考试成绩而遭到爸妈的责骂。由于他在城里住校，每个月才回家一次，老师频频与他的爸妈联系，反映孩子在校学习过程中学习态度很不端正，上课时总无精打采，提不起学习兴趣，还经常旷课在宿舍睡觉或逃课和一群朋友出去上网，而且这样的行为屡教不改。班主任常与他爸妈联系，甚至还请他爸妈到学校进行面谈，不过阳阳的表现并没有多大的改善。

心理学家认为，每一个孩子都有强烈的好奇心，面对着世间万物，他那小小的心灵更是充满了好奇与渴望，作为父母，应该寻找出孩子的兴趣点，帮助孩子挖掘出巨大的潜能。有的父母要求孩子练钢琴、学画画、背唐诗，不管孩子是否喜欢，都强迫孩子练习。

其实，这样无形之中会扼杀孩子的兴趣爱好，压制了孩子的天性，会使孩子产生一种逆反情绪。这样做不但不能促进孩子的健康成长，反而会害了孩子。那么，如何帮助孩子寻找到兴趣点呢？

1.兴趣是最好的老师

其实，兴趣对于孩子来说，是一种重要的非智力因素，却对其今后一生的发展都有决定性作用。如果一个孩子有了强烈的兴趣和求知欲，就会努力学习，积极主动探索，进而爆发出前所未有的潜能。正所谓“兴趣才是最好的老师”，如果孩子根本没有任何的兴趣，父母强迫孩子学习也不会有成效。许多人的成才都说明了这一点，牛顿小时候对机械很感兴趣，喜欢拆钟表、风

车，正是由于强烈的兴趣，牛顿成功地发现了力学三大定律和万有引力定律。所以，对于父母来说，培养孩子的兴趣十分重要，只有这样才有利于孩子的学习。

2.如何培养孩子的兴趣

每个孩子都有感兴趣的东西，这时候父母要加以正确引导，使之发展成爱好。但是，孩子所感兴趣的东西是不固定的，具有多变性，可能他今天喜欢画画，明天喜欢唱歌，后天又喜欢上弹钢琴了。

有些父母面对这样的情况就没有办法了，认为孩子不能成才。其实，事实并非如此，父母应该耐心等待，帮助孩子确立一个较为稳定的兴趣，并在这一兴趣上多花一些功夫，充分创造条件，加以鼓励，使兴趣成为孩子的特长。当孩子觉得厌烦而想放弃的时候，父母也要鼓励孩子战胜困难，在兴趣中取得成绩。

3.捕捉孩子的兴趣

父母要善于捕捉孩子的兴趣，对自己的孩子多进行仔细的观察，发现孩子的兴趣就要正确引导。若孩子性格有些内向，父母需要主动与孩子交谈，明白他所感兴趣的是什么，寻找其兴趣点；有的孩子兴趣比较强烈，经常不顾场合就表现出来了，这时候父母也要循循善诱，不要以压制的方式，而要引导孩子将那强烈的兴趣发展成为爱好特长，使孩子在擅长方面有所成就。

4.引导孩子的兴趣

另外，父母对于孩子的兴趣要加以引导，而不能凭着自己的意愿，比如社会潮流、自己的职业、偏爱而强行决定。如果你违背了孩子的意愿兴趣，强迫孩子做他并不感兴趣的事情，那么就无法取得很好的效果。当孩子对某一事物的兴趣过于强烈，以至于影响了课程，这时候父母也要帮助孩子分清主次，向孩子讲清楚，只有做好功课，才能进行深入研究，使孩子把兴趣和学习结合起来，共同发展。

心理启示

当孩子在学习上遭遇挫折时，父母千万不要怀疑孩子的智力，这样只会让孩子更加迷茫和胆怯。父母需要做的就是安慰和鼓励孩子，让孩子满怀信心地向前走，最终找到自己感兴趣的事情。别让孩子失去信心，让他们明白，每个人最终都会有适合自己的兴趣和特长，这才是人生正确的选择。

木桶定律：教育孩子不偏科

木桶定律告诉我们：全面发展，克制短板才是王道。父母在关注孩子学习情况的时候，经常会发现一个有趣的现象：他们做有些科目的作业速度很快，轻松自如；而在做另外一些科目的作业，却总是磨磨蹭蹭，拖拉半天连本子都没打开。每每到了这个时候，父母就忍不住生气了：“怎么总是这样拖拖拉拉？”一旦父母意识到孩子这门功课不太好，就想方设法地给孩子找老师辅导，但是，现实情况依然是“老黄牛拉破车”，没多大进步，难道是孩子太笨了吗？

罗妈妈眉头紧皱，她讲了自己担忧的一件事：我女儿早在八九岁的时候，就对乡下田地里出现的碎瓷片很感兴趣，经常捡一些回家收藏，之后还买了许多陶瓷的书籍阅读，我们都觉得她在这方面很有天赋。

进入初中之后，她对青铜器和古文字的研究更是到了痴迷的程度，常常一个人关在房间里看考古方面的书籍。可是，面对她这样的情况，我们却很担忧，她的语文成绩很突出，但英语和数学相对表现出弱势，拖了后腿，我真的很着急，她现在的成绩就重点中学上下，由于受到数学成绩的限制，将来想考好的大学很难。我们一家人都为此担忧，希望孩子能把数学和英语成绩补起来，但孩子很坦然，“我就喜欢考古，不喜欢数学和英语”。我真不知道该怎么办。现在模拟测试成绩出来了，由于数学和英语的牵绊，孩子的分数离重点中学还有很大一段的距离，恐怕是她空有一技之长，也是深造无门啊！

其实，造成这种情况的原因并不是孩子太笨了，而是孩子偏科的症状。有数据显示，大约有21%的小学生有偏科现象，到了高中，偏科学生的人群更是上升到了80%。对此，教育专家提醒，孩子的偏科应发现越早越好，只要父母正确引导，找到孩子弱势科目的原因，就可以避免把早期的学科弱势和后进发展成偏科。

父母应该明白，造成孩子偏科的原因是多方面的：首先是他的心理因素，由于父母过多表扬和无意识的暗示，使他产生了认识偏差，认为自己只要某科学好即可，别的都不重要。在青春期，由于个体差异，有的孩子在逻辑和抽象思维方面没有形象思维发展快，会出现偏科现象；其次，孩子在学习过程中没能把每科知识点细化，一旦学习有难度，就会逐步失去对该学科的兴趣；最后，孩子不能跟随老师学习，不能理解老师所讲述的知识点，不能完成作业，这些都有可能造成偏科。

1.不要给孩子偏科的心理暗示

许多父母在发现孩子偏科现象的时候，会忍不住说“啊，英语确实太难了”，“我以前读书时也是作文总也写不好”，如此，就会给他偏科的心理暗示。可能有的父母只是想给孩子一点鼓励，告诉他自己曾经也遇到过这样的困难。但是，对于正处于学习阶段的孩子来说，这样的话很可能给他带来的是偏科的心理认同教育，暗示孩子“偏科真是没办法纠正”，将加重他的偏科程度。

2.对待孩子偏科现象，摆正态度

父母对孩子偏科的态度是什么样的？其中，有20.93%的父母选择了“完全不能接受，孩子必须全面发展”，58.14%的父母选择“一定程度上可以接受，甚至一定条件下鼓励偏科”，剩下的父母则选择了“任凭孩子自由发展”。心理学家认为，父母持有什么样的观念，决定着父母在纠正孩子偏科中的角色。

3.培养孩子对弱势学科的兴趣

“兴趣是最好的老师”，有的孩子偏科就是因为对该学科缺乏兴趣。对此，父母应想办法培养孩子对弱势学科的兴趣，多给他讲这个科目在现实生活中应用的事例，让他从心理上自觉消除厌恶感和抵触感。

4.联合孩子偏科老师共同鼓励

另外，你可以找孩子偏弱学科的老师细心谈一次，让老师鼓励他学好这门功课。告诉孩子“老师跟我说，其实你学英语挺有天赋的，因为你的记忆力很好”，如果老师能细致地关心他，那么，一定会收到春雨“润物细无声”的效果。

心理启示

资深心理咨询师陈默这样说道：“要纠正偏科，首先要搞清楚引起孩子偏科的原因，然后对症下药，才能取得好的效果，有些先天弱势可以通过家长的正确引导来纠正，否则只会在偏科的路上越走越远。”

詹森效应：让孩子轻松上考场

人们把平时表现良好，但由于缺乏应有的心理素质而导致正式比赛失败的现象称为詹森效应。不少孩子在考试前都会有紧张的情绪，有的孩子会手心出汗，甚至出现头晕、全身乏力的现象。面对如此紧张的孩子，父母也陷入了焦虑，不知道该什么办。实际上，孩子在考试之前出现紧张的状态，都是有原因的。

面对考试，孩子该怎么办呢？其实秘诀无非是强化信心，正确地看待考试。考试都是有规律可言的，只要平常学习都到位了，那么考出理想成绩应该是自然的。我们可以对孩子说：考试并不可怕，它和平时作业练习没有什么本质的区别。假如孩子还是对自己信心不足，那就要引导他看到自己的优势，这样才能不断进步。要多看、多说、多想自己的优点，尤其是那些平时贪玩而成绩不太好的学生，千万不要觉得一切都太晚了就轻易放弃了。

当然，父母应该认真地分析孩子的实际水平，从兴趣爱好以及能力出发来选择最适合孩子的目标，既不能好高骛远也不能妄自菲薄，假如实现目标的机会大了，自信自然也会增强很多。

最近要考试了，和大多数父母一样，林妈妈也陷入了焦虑中。中午吃饭的时候，几个同事坐在一起都议论开了："平时孩子倒有说有笑挺轻松的，一到考试就紧张了，天天在我跟前说'不想考试，讨厌考试'，这可怎么办呢"，"我家田田也是，平时活泼机灵，看起来很轻松，但一到考试整个人都懵了，每次到了期中期末考试都紧张得手心冒汗，有一次考试，她还紧张得生病了"，"我家孩子更严重，每次考试都想逃避，不是生点小病就是出点事情，只要一听说考试，不仅孩子紧张，连我都紧张了"。听了同事们的聊天，林妈妈也加入到了其中，最近豆豆老是心神不定的，好像书也看不进去，还几次跟妈妈说："妈妈，要是我没有考好，你会打我吗？"那眼神中透露出的紧张，连林妈妈都忍不住心疼。

孩子一考试就紧张，到底是怎么回事呢?

有的父母对孩子期望很高，孩子考得不好就打骂责罚，如此，孩子那些过去的心理阴影会成为一种心理障碍，一听说考试就不由自主地紧张起来；有的孩子本身心理素质就比较差，平时也很少向父母诉苦，即便是自己有许多学习上的压力也一个人承受着，而这时候父母也忽视了对孩子心理问题的关注，这就造成孩子心理承受能力比较差、容易紧张的情形；有的孩子则是来自周围环境的压力，有可能是老师方面的压力，也有可能是同学们无意带来的压力，他在一种压力重重的环境中自然会产生紧张的情绪。

1.给孩子一个轻松的环境

即便是担心孩子的情况，父母也不要表现出自己的焦虑，需要给孩子营

造一个轻松的环境。如果考试临近了，父母应该不要把所有的注意力放在孩子的考试上面，这样不但给自己带来了烦恼，无形之中也给孩子带来了压力。父母可以假装无意地说："咦，你今天考试？我还以为还要过几天呢，好好发挥哦。"这样不经意间透露出来的轻松，就会让孩子松一口气。

2.缓解孩子紧张的心理

有的孩子遇到了学习上的压力也不会开口向父母讲，这时候就需要父母主动与孩子谈心，明白他到底在担心什么，找到问题的症结所在，这样一点一点地缓解孩子心中的压力。尤其在考试来临之时，父母可以与孩子谈一些轻松的话题，让孩子放松心情，释放出紧张的情绪。

3.给予孩子充分的自信

有的孩子一旦有考试失利的经历，就对此念念不忘，每逢考试都担心自己会考得很差。这时候，父母要给予孩子最大的支持，告诉孩子要相信自己。另外，父母也可以教会孩子增强自信的秘诀：每天早上对着镜子说，我是最棒的！这样，孩子就有充足的自信来应对考试，紧张的心情也会随之消失。

心理启示

在考试中，孩子可能会遇到许多困难，例如估计不足，缺乏应对准备，就可能影响临场的状态，导致紧张慌乱。父母要给予孩子一些建议，比如，考试时生病怎么办？考试前遇到不顺心的事情怎么办？一开始就遇到不会做的题怎么办？万一第一门课考得不理想怎么办？假如父母事先考虑或准备得充分一点，那么即使孩子真的遇到了，也会冷静很多，而不至于手足无措。

培哥效应：教会孩子有效的记忆方法

对于许多中国孩子而言，常见的例子是：放学后被老师留下来背诵课文，因背不出“九九乘法表”而被打。或许父母会认为这种方法是死记硬背，对孩子的学习并没有太高的效率。而孩子们因为背诵恨透了一篇篇冗长的文章，恨透了接二连三的数学公式。然而，背诵是学习的第一步。有时候孩子小时候背诵过的文章，长大后就可以随口说出，根本不需要大脑的片刻思考。更为关键的是，背诵的主要意义是培养一个好的记忆力。

通常情况下，孩子的教育是从三岁开始的，父母为孩子选择交费的学校，也可以选择免费的公立学校。在学校里，孩子们从记忆简单的文字开始，一直到可以诵读。父母的目的不是让孩子理解文章的意思，而是让他们背诵，在他们看来，假如孩子不能培养出一个好的记忆力，那以后就无法学习其他事物。

公司准备举办一场宴会，需要把最近几年来公司的客户以及相关的人员都请来，借此机会联络一下感情，一起探讨未来的发展合作计划。可粗心大意的玛丽不知道怎么搞的，鼠标一点，一下就把联系人的电子文档覆盖了，瞬间名单和电话全没有了。经理要求下午必须把邀请函发出去，可现在名单和联系方式全没有了，该怎么办呢？

新来的同事维茨里走了过来，安慰道：“你先别急，这份文件我看过，你先把你能记住的在中午之前给我，能做到吗？”玛丽点点头，努力回忆着文件里的名单和数据。下午维茨里拿着笔记本走过来，问：“玛丽，你看一看名单。”名单和数据全在电脑上，玛丽惊讶极了：“这么多人，你怎么记住的？”维茨里指着自己的大脑，笑着说：“靠这里记下来的，这是我们犹太人的骄傲。”

玛丽很感兴趣：“你们是怎么教育孩子的，怎么记忆力如此惊人呢？”维茨里笑着说：“从小就背诵《圣经》，这可以培养我们的记忆力，比如我儿子现在才两岁多，就能完全背诵一整页的《圣经》内容了。”玛丽有些疑问：“可是，《圣经》的内容好晦涩，他能懂吗？”维茨里回答说：“不用他

懂，他现在只要会背就行，慢慢地，以后他长大了就有我这样的超强的记忆力了。”玛丽不禁感叹：“犹太人真不愧是世界上最聪明的民族！”

只有让孩子从小背诵，才能更大程度地提高孩子的记忆力。而且，孩子开始背诵的时间越早，记忆力提高得也就越快。因此，父母对孩子进行记忆力的开发，应当尽早，因为只有这样才能有效地锻炼孩子的记忆力。

1.对内容只背不理解

在让孩子背诵文章时只背诵，不需要理解文章的意义，这样才可以培养出一个好的记忆力。孩子童年时期的记忆力是他一生中最好的时期，这是毋庸置疑的。即便有了这样的先天条件，然而不会挖掘不去利用也只能停留在理论上，就像一只杯子，我们知道它可以装水却始终没有将水存放进去，那和不知道它能装水没什么两样。让孩子背诵，通过背诵刺激大脑进行记忆，通过反复背诵，反复地刺激和记忆，大脑的记忆容量就会慢慢扩大。

2.背诵的内容不分有趣或没趣

有的家长或许不会同意死记硬背，他们认为孩子所记忆的假如都是自己不感兴趣的内容，那即便记住了，也不能在这样的基础上进行理解。犹太父母认为，记忆品质是受到记忆物本身的影响，孩子童年时期的背诵是促使增大这个内存容量的，而没有记忆容量，那一切将无从谈起。犹太父母坚信，没有记忆力，人就不可能具有思维能力。

3.背诵要注意方法

孩子在平时的学习中就把该背诵的知识点记得差不多了，然后就是和背诵内容多见面。比如，一个单词、一首古诗、一篇文章能否记住，决定于和它在不同场合见面的频率，不在于每次看它时间的长短。父母教导孩子要记住某个知识点，就每个星期至少和它见三次面，经常把需要背诵的内容翻出来熟悉，那就不需要重复记忆了。

心理启示

自然，小孩子不可能理解所背诵文章的深层含义，父母当然明白这个道理，因此让孩子背诵的目的不是让孩子明白这其中的意义，而是让孩子先背下内容，等到孩子的记忆力得到锻炼之后，再让孩子慢慢理解背诵内容的含义。

高原现象：让孩子不再讨厌学习

孩子成绩停滞不前，头脑昏昏沉沉，什么事都不想干，看不进书也记不住内容，性情易急躁烦闷，产生厌学的情绪，这就是心理学上所说的“高原现象”。在现实生活中，许多孩子一提到上学就感觉浑身难受，出现肚子疼、出汗、失眠等症状，到医院做检查却发现孩子身体没问题。这时候，父母就应该注意了：孩子有可能得了厌学症。厌学症是目前青少年诸多学习心理障碍中最普遍的问题，是青少年最为常见的心理疾病之一。

这些天张先生四处打电话求助：“一向听话的女儿突然就厌恶学习，真不知道该怎么办才好。”

张先生说，开学没几天，正在上六年级的女儿在一次放学回家后就显得闷闷不乐，也不像往常一样做家庭作业，而是把自己一个人关在卧室里，半天也不出来。张先生推门看见，女儿趴在床上似睡非睡。张先生随口说了一句：“还不赶快写作业！”女儿突然对着父亲咆哮了起来：“就晓得催我写作业，我再也不上学了！”张先生一下子惊呆了，平时听话的女儿这时像变了一个人似的，满脸涨得通红，一副怒不可遏的模样。张先生问女儿为什么不想上学，她死活不说，只是不停地嚷嚷“我不想上学！不想上学！”

为了弄清楚女儿到底为什么厌学，张先生第一次主动给女儿的班主任打了

电话。通过交流得知，女儿最近的课堂表现很糟糕，无精打采，经常在课堂上看漫画书。几位任课老师纷纷反映，她学习很吃力，没办法及时消化老师所讲的内容。末了，班主任给张先生敲了“警钟”。

对于这样的案例，教育专家认为，六年级是产生两极分化的关键阶段，课程多了，学习内容增加了，难度也加大了。在这一阶段，学习好的学生开始显山露水，而学习比较被动的学生则容易掉队。张先生的女儿很有可能是由于学习上的挫败影响到心理，而这样的心理又没得到及时的排解，压力过大而产生了厌学心理。对张先生来说，应该细心疏导女儿的心理，让孩子认识到读书的重要性，争取让她自己要求回到学校，如此才能事半功倍。

引发青春期孩子厌学症的原因很多，大致可以分为主观原因和外在原因。主观原因：许多孩子自身比较懒惰，怕苦怕累，总觉得学习是一件很苦很累且很乏味的事情，一看到书本就头痛，总想找机会逃避学习。或者，有的孩子在学习上付出了很大的努力，但每次考试都不理想，他们就觉得自己在学习上没有天分，开始厌倦学习。客观原因：校外娱乐场所，诸如电子游戏室、网吧等带来的影响。有的则是父母强制孩子学习，影响到孩子对待学习的态度。学业太繁重，孩子每天都沉浸在学习中，没有时间放松，使得他们对学习产生逆反心理和厌倦心理。

1.降低对孩子的期望

父母总说考试要考第一，但是，“第一”只有一个，不是每个孩子都可以做到的。因此，父母应该正确认识这样的结果。在与孩子交流的过程中，了解他的学习困难，帮助他制定切实可行的学习计划。在学习之外，要多与孩子沟通，孩子考试失败了，对他说：“你是最棒的！”“你已经尽力了！”帮助孩子重新树立信心。

2.让孩子体验到成功的快乐

趋乐避苦，这是人之常情。如果孩子在学习上总是摔倒，他们体验不到成功的喜悦，自然不愿意努力学习。那么，父母可以制造机会，比如，孩子英语比较差，你可以让他先做几道简单的习题，让他轻松完成之后，体验到学习的

乐趣，再逐步增加习题的难度。

3.引导孩子进行积极的自我暗示

那些经常给予自己积极的心理暗示的孩子，他们往往能避免学习的失败。对此，父母要引导孩子学会进行积极的自我暗示，经常对自己说一些激励的话。比如，每天早上起来，对着镜子说“我是最棒的”“今天又是美好的一天”。

心理启示

从心理学角度来看，厌学症是指孩子消极对待学习活动的行为反应模式，主要表现为学生对学习认知存在偏差，情感上消极对待学习，行为上主动远离学习。那些患有厌学症的孩子往往对学习失去兴趣，他们没有明确的学习目的，恨书、恨老师、恨学校，严重者甚至一提到上学就恶心、头昏、脾气暴躁、歇斯底里。

第05章 沟通心理学——不打不骂教育好孩子

无疑，沟通是维护家庭关系的重要桥梁，且在家庭教育中占据了重要席位。许多父母光顾着为工作忙碌，而忽视了孩子的成长，不知不觉间造成亲子之间难以逾越的鸿沟，那么，如何才算是成功的亲子沟通呢？

南风效应：适时对孩子嘘寒问暖

作为孩子的父母，只要我们对孩子的心性仔细了解，说些贴合孩子心理的话，就能渐渐使孩子养成好性情，有利于孩子的健康成长。孩子的性情，会由于父母不同的教养方式呈现出不同的特点。良好的教养方式，能够促进孩子的健康成长和发育；拙劣的教养方式，会改变孩子的性格，使活泼可爱的孩子精神抑郁、苦闷不堪。或许，身为父母，我们都曾无数次想象孩子美好的未来及其成功的样子，但是，即便我们想得再好，也往往改变不了现实。不管怎么样，首先要让孩子成为一个有爱心的人，而这就需要我们父母的教育和引导。在生活中，对孩子要经常嘘寒问暖，尽显自己的父母情。

小佳喜欢唱歌，在音乐课上，他优美的歌声常常能得到老师的称赞和同学们的羡慕。在学校组织的音乐竞赛中，他从众多的参赛学生中脱颖而出，成为学校的小歌星。妈妈李萍看到了小佳的长处，及时对他进行鼓励，妈妈的夸奖增强了小佳的自信心。

李萍为了培养小佳的兴趣，给小佳聘请了专业的音乐老师，在学习唱歌的同时，小佳也学到了很多乐理知识，学会了唱歌的技巧和多种唱法，并能够自己娴熟地弹唱，形成了自己独特的演唱风格。小佳的进步让李萍看到了希望，

在李萍的鼓励下，小佳踊跃报名参加市里的正规比赛，在遴选出的小童星名单中，他赫然在列。

拥有了荣誉的小佳再接再厉，开展了自己的专场音乐演唱会，赢得了音乐爱好者和有关专家的好评。看到小佳的进步，李萍感到由衷的高兴。取得名誉的小佳谦虚有礼，戒骄戒躁，不仅在音乐方面发挥了才能，也养成了良好的性情，受到了家长和老师的喜爱。

用欣赏的口气，恰到好处地多鼓励孩子，孩子受到赞赏，受到重视，就会积极上进。如果父母和孩子说话措辞严厉，让孩子听了不知所措，孩子的上进心就会遭到打击，以致心理蒙上阴影，对自己失去信心。事例中的李萍，在看到孩子小佳有音乐方面的才能之后，就对他进行了及时的鼓励，言语中流露出欣赏，让小佳充满信心地走向一次又一次的成功。

陈然发现儿子李允这几天忙于踢足球，连学习都不放在心上，陈然觉得很奇怪。最令她吃惊的是，当陈然问李允足球的来历时，李允竟然毫不在意地说，是自己从学校里拿出来的。这引起了陈然的高度重视。她知道，学校的足球是不能随便带回家的。于是，她便决定和李允好好谈谈。当李允玩得满头大汗地带着足球回到家时，陈然已等候儿子多时。

看到陈然正襟危坐的样子，李允意识到了自己的错误。他抱着足球站在那里，不知道该如何是好。陈然让李允坐下，委婉地指出了李允所犯的错误。已经意识到自己犯错的李允，向陈然坦白了自己的心思。陈然又帮助他分析了错误的原因，发现李允只是出于对足球的热爱而拿了学校的足球，便让他归还给学校。

李允听了陈然的话，非常懂事地把足球还给了学校。陈然又给李允购置了一个足球，李允很开心，感谢妈妈对自己的理解。李允在搞好学习的同时，又提高了球技，还参加了学校的足球队，身心都得到了培养。看到李允健康成长，陈然露出了欣慰的笑容。

对待犯错的孩子，父母不能一概而论，要分析孩子所犯错误的原因，让孩子从思想和心理上认识到自己的错误，进而去改正它。如果我们对孩子的错

误不进行认真细致的分析，孩子认识不到自己的错误，就难以进行改正。事例中的陈然，在发现孩子李允偷拿了学校的足球后，及时让其认识并改正自己的错误。为了培养李允的兴趣，陈然又给李允购置了足球，满足了李允的兴趣爱好。

1.说贴合孩子心理的话

了解孩子的心性，说贴合孩子心理的话，是培养孩子、塑造孩子性格的良好途径。对孩子的心性不了解，不明白孩子的优劣点，说话不符合孩子的心理，孩子就难以接受，难以明白。这样父母和孩子沟通就非常困难。只有了解孩子的心性，说贴合孩子心理的话，父母才能成功地与孩子进行无障碍的交流，倾听孩子的心声，培养孩子的兴趣，让孩子健康地成长。

2.对孩子多说鼓励欣赏的话语

孩子有着强烈的好胜心，总想做出一些不平凡的事情，但是因为自己的年龄或有限的能力，事情的结果往往事与愿违。有的孩子会因为自己的一时失利而对自己失望。作为孩子的父母，我们要对孩子及时鼓励，不要因为孩子一时失败就对孩子严厉斥责。要让孩子树立信心，勇于尝试新事物。对于孩子的进步，要进行及时的鼓励，用欣赏的口气，恰到好处地多鼓励孩子，使他拥有强烈的自信心。

3.孩子犯错了，也要温和教育

孩子犯错，究其原因，不外乎两种情况，一是因为自己没有经验，能力达不到，而使自己犯下错误；二是明知故犯，已经能知晓事情的结果，故意犯错，在做事时发怒气，泄私愤，对别人进行打击报复。对待犯错的孩子，父母不应该视若不见，要及时提醒孩子，不要再犯同样的错误或无意义的错误，应该让孩子在错误中获益，让孩子明白知错必改的道理。

心理启示

父母在教养孩子时，如自己对孩子说话温柔可亲，不焦急，不暴躁，说话切合孩子的心理，孩子就会养成好秉性，表现出活泼开朗、积极向上的性格。如果不了解孩子的心理，自己的心情抑郁，沉闷不乐，不顾孩子的心理和感受，和孩子说话待理不理，态度冷淡，孩子的心理就会受到打击，心情就会变得压抑，性格也会忧郁，这不利于孩子的健康成长。

晕轮效应：沟通之前先全面了解

晕轮效应启示我们：了解孩子应该全面。“你了解自己的孩子吗？”许多父母在被问到这个问题时，几乎所有的父母都会给予肯定的回答：“当然了解！”俗话说：“知子莫若父。”每一位父母在一定程度上都是了解自己的孩子的，并且他们能够说出一些孩子的特点。因为从孩子出生起，父母就是孩子最亲密最值得信赖的人，所以，父母可以肯定地说“我很了解自己的孩子”。但是，父母自己的看法却是不全面的，存在很多偏差，以至于出现“察子失真”的现象，这究竟是什么原因呢？

放学路上，孩子一张苦瓜脸，无论妈妈怎么劝，孩子就是不说话。妈妈憋不住了，因为刚才老师向自己反映说孩子在课上吃东西。妈妈情绪上来了，对孩子不分青红皂白地责备：“听说你上课吃东西？你怎么回事呢？妈妈这么辛苦到底是为什么呢？你为什么总是做一些令妈妈伤心的事情呢？”孩子一脸委屈：“我没有，我只是……”孩子还没来得及说完，妈妈就叫道：“你只是什么？只是上课吃东西吗？你为什么总是喜欢为自己找借口呢？难道做了错事，还好意思理直气壮地为自己找借口……”

回到家，孩子在日记本上写着：今天我感到很难过，因为妈妈在不了解真相的情况下批评我。也不问我为什么要这样做，就直接说我不对。其实昨天老师怀疑我抄袭同桌的作业，正在问我，我根本没有抄袭同桌的作业，我觉得被冤枉了，所以我故意在上课时吃东西，结果又被老师当场批评了。

在现实生活中，许多父母经常与孩子在一起，却对孩子的一些行为表现熟视无睹或者视而不见，大多数父母忙于自己的事业发展，为生活琐事所累，他们很少有时间来观察孩子、了解自己的孩子，所以，在父母心中并没有形成对孩子正确、全面的认识。其实，了解孩子才是教育孩子的前提。如果父母对自己的孩子都缺乏一定的认识，那又何谈教育呢？

英国教育家、思想家洛克指出：“教育上的错误比别的错误更不可轻视，教育上的错误正如配错了药一样，第一次弄错了，决不能弄错第二次、第三次再去补救，它们的影响是终身洗刷不掉的。”家庭教育也是一样的道理，父母是孩子的第一位老师，担负着教育孩子的责任，这时候，父母首要的任务就是观察并了解自己的孩子。

1.充分了解自己的孩子

有的父母觉得，自己天天与孩子在一起，难道对孩子还不够了解吗？其实，许多父母对孩子的了解还停留在表面上，并没有通过细心的观察，他们的了解并不细致，也不够深入，对自己的孩子了解得并不深，没有从整体上把握孩子。父母可以在下班后，与孩子进行交谈，建立信任关系，观察孩子的情绪、性格特点、兴趣爱好，充分全面地了解孩子。

2.判断孩子切忌片面性

有的父母观察了孩子的行为，但他们总是带着片面的心理来判断孩子，对孩子的想法、行为以及做事判断得都不够准确。有的父母看到孩子某些方面很迟钝，就认为孩子很“笨”；有的父母子觉得父母唱歌不错，就觉得应该让孩子学习唱歌，父母这样片面性地判断，对孩子的成长极为不利。

3.经常与孩子聊天

在现实生活中，不少家庭普遍存在着与孩子谈话不足的现象。许多妈妈与

孩子每天的谈话都少于30分钟，爸爸则更少，他们往往花了更多的时间购物或者看电视。其实，作为父母，养成与孩子谈话的习惯非常重要。父母经常与孩子沟通，有利于培养孩子乐观开朗的心理素质，减少和预防孩子心理障碍的发生。而且，父母在与孩子的谈话过程中，还可以通过对孩子言谈举止的观察，了解到孩子在这一成长阶段表现出来的特点。

4.观察孩子与同龄孩子的异同

除了观察自己的孩子以外，父母还要善于观察与自己孩子同龄的孩子。同龄孩子的身体、智力、心理发展特点都是类似的，如果自己的孩子最近比较沉默寡言，这说明孩子有心事了，或者显得比较早熟。而且，父母还可以制造一些情景，比如带着孩子参加活动，带着孩子造访亲友，这样都可以观察孩子与平时不同的表现，了解孩子的行为特点。

心理启示

其实，孩子就在身边，关键是父母要做一个有心人，要通过孩子的一举一动，一个表情，或者是一句语言，了解孩子的心理、情绪，全面了解孩子，把握孩子内心深处的东西，从而对孩子进行有针对性的教育，促进孩子个性的发展。

心理暗示：将积极的力量传递给孩子

许多父母都很关心孩子的学习，眼睛总是死死地盯住孩子的学习成绩，每天就像例行公事一样冷冰冰地问候孩子“今天学习怎么样”“考试了吗，考得怎么样”，望子成龙的迫切让他们忽视了对孩子健康的重视，尤其是孩子的心理健康。

当你每天都在问候孩子的学习情况时，是否有问“你今天过得快乐吗”？即使孩子本来有着愉快的心情，在父母冷冰冰的语调下以及板着脸的注视下，原本快乐的心情也会消失得无影无踪。于是，父母抱怨“孩子越大越不听话，连父母的话都不听了”，“感觉到孩子与我有了很深的隔膜，也不像以前那样跟我亲近了”，问题的根源就是父母的微笑太少了，责备太多了；鼓励太少了，批评太多了。当孩子想与父母进行有效的沟通时，父母却关紧了自己那扇心灵之门，只留给孩子一张面无表情的面孔，试问，孩子还会与你亲近吗？

妈妈有些望子成龙的迫切心情，平时最关心的就是孩子的学习。每天孩子高高兴兴、蹦蹦跳跳地背着书包放学回来时，总是兴高采烈地喊上一句：“爸爸妈妈，我回来了。”在书房里忙活的爸爸应了一声，妈妈则板着脸问：“今天学习怎么样？布置了哪些作业？最近又考试没有？考得怎么样？”在妈妈的连珠炮般的追问下，孩子一张笑脸变成了苦瓜脸，悻悻地提着书包进屋学习去了。时间长了，孩子就有意地避开妈妈，放学回来也不像以前那样兴高采烈地高声呼喊他们了，而是偷偷地溜进自己的房间，有时候甚至把门也锁上。隔着房门，妈妈也是语气冷冽地问：“这次考试怎么样？”只是传来孩子闷闷地一声“嗯”。

离期末考试越来越近，妈妈感觉到孩子与自己的距离越来越远了，孩子话更少了，总是一副郁郁寡欢的样子，有时候还发现他早上偷偷地抹眼泪。妈妈问他，孩子也不吭声，妈妈慌了，这孩子是怎么了？

有时候，父母会抱怨“孩子开始疏远自己”，其实这很大程度上都是源于父母对待孩子的态度。虽然父母是成年人，可能会有许多生活和工作的烦恼，但是在面对孩子的时候，请对孩子多一些微笑，走进孩子的心灵深处，了解他们的思想，把你的快乐传递给孩子，缩短与孩子之间的心理距离。

1.和谐愉快的家庭氛围

有的家庭，气氛比较容易紧张，父母总是板着一张脸，为了点小事就吵架。心理学家认为，在这样家庭环境中长大的孩子，容易疏远父母，甚至容易出现不良的行为。家庭对于孩子来说是一个温馨的港湾，一个可以嬉笑快乐的地方，愉快的家庭气氛，可以使孩子养成乐观积极向上的性格；同时，也会增加父母与孩子之间的亲密度，因为父母那友好的笑脸给予孩子信任与温暖。所以，父母之间互敬互爱，多对孩子笑笑，让家庭气氛充满欢声笑语，对孩子来说这是非常有必要的。

2.在孩子面前控制自己的情绪

有时候，父母也会因为工作和生活上的一些烦恼而愁眉苦脸，这时候，为了孩子健康成长，父母需要努力控制自己的情绪，面对孩子露出笑脸，让孩子感染快乐的情绪，与自己亲近起来。许多父母自己有了烦恼，就会对孩子大吼大叫，冷着一张脸，说话也是冷淡的语调；有的父母在孩子犯了错后，控制不住自己的情绪，对孩子施行打骂教育。这样时间长了，孩子就会逐渐远离父母，与父母之间的隔阂越来越深，根本不利于父母与孩子之间的顺利交流。所以，在孩子面前，父母需要努力控制自己的情绪，多给孩子一点微笑，多一些鼓励，这样孩子与你的距离才能越来越近。

3.多一些微笑与鼓励，少一些责备与批评

家庭教育是教育的重要部分，家庭教育的方式也成了重中之重。父母对孩子要多一些微笑与鼓励，少一些责备与批评。责备越多，孩子所受到的心灵伤害就越多，他的心对你增加了防御与反抗，父母与孩子之间的距离就会越来越远。所以，父母要改变自己家庭教育的方式，给孩子多一些微笑与鼓励，少一些责备与批评，做孩子最亲近的知心朋友。这样，在孩子的成长路上，你才能走进孩子的心灵世界，读懂孩子的真实内心。

心理启示

心理学家研究发现，健康性格是感受和创造快乐的重要前提，注重培养孩子快乐的性格，有利于孩子健康成长。孩子需要父母的微笑、需要父母友好的态度，而不是公事化的语调或者面无表情的一张面孔。

代沟效应：孩子需要被理解

如何化解亲子之间的代沟？那就是父母需要站在孩子的角度，理解对方。常常听到孩子这样抱怨："父母根本不理解我们的需要，他们想说的就说个没完，而我想说的他们却心不在焉。"孩子有着这样的烦恼是普遍存在的，其实，孩子的内心有着许多想法，他们也有欢乐、有苦恼、有意见，如果父母没能主动走进孩子的内心世界，孩子有了意见没有得到及时的交流，那么父母与孩子之间的鸿沟就会越来越大。

一天，女儿放学回家后若无其事地告诉妈妈："今天上午上数学课的时候，我居然睡着了。"上课的时候居然睡觉？妈妈听到这话就生气了，责备道："上课时睡觉，你说我辛辛苦苦挣钱供你读书，我都做啥了，你要这样做？"女儿有些委屈："我觉得困了就小眯了一会，睡了起来看见老师正在讲课，我都不知道自己睡了多久，也没人叫我。""睡觉，睡觉，我让你睡觉！"妈妈开始拿着鸡毛掸子打女儿，只听见女儿的哭声。

过了一周学校开家长会，老师向妈妈反映："孩子很喜欢上课时睡觉，当着全班同学的面都批评了好几次，她还是这样，一点也不改进，希望你们可以敦促一下。"妈妈回到家，对女儿又是一顿打骂，女儿挂满泪水的脸，有一丝幸灾乐祸的笑容。

心理学家认为，父母与孩子之间的沟通，孩子是掌握着主动权的，因而有的父母就会说"他心里有什么想法，那也得开口向我说，否则我怎么能走进他的内心世界呢"。其实，孩子心中都有一定的惧怕心理和羞涩心理，即便是自己有一些想法，他也不会主动告诉父母，而是需要父母诱导孩子说出来，或者父母通过自己的方式来了解孩子，走进孩子的心灵世界。教育专家认为，要想走进孩子的心灵世界，就要和孩子交朋友。

1.主动与孩子的老师沟通

有的父母没有主动与孩子老师沟通的习惯，他们认为孩子在学校就应该是学校的责任，如果孩子有了什么事情，老师会主动联系自己的。其实，每个

班级那么多学生，老师根本不会顾及每一个学生，这就需要父母主动与老师交流。这样，父母才能及时地了解孩子的学习表现和思想素质，还能够积极主动配合老师对孩子存在的问题及时改正，便于父母与孩子进行顺畅沟通，了解孩子最近的表现，有助于走进孩子的心灵世界。

2.冷静处理孩子的过错

明明知道孩子做错了，父母也应该保持冷静的心态，冷静地处理孩子的犯错行为。这时候，如果父母的情绪失控，就意味着中断了自己与孩子的谈话，在孩子内心，他不希望看到父母失望，一旦父母表现出过分的失望和担忧，就会造成孩子隐瞒真实想法的严重后果。所以，当孩子犯了错误后，父母要设身处地为孩子着想，为孩子分忧，不要对孩子的所作所为大肆发表自己的意见或者大声指责，这样孩子就会对父母说出自己内心的想法和秘密。

3.了解孩子的内心世界

有的时候，孩子并不愿意向父母坦白自己的想法和意见，甚至也不愿意与自己的好朋友交流，他们喜欢写成作文和日记。这时候，父母可以从孩子的作文和日记中了解他的内心世界。当然，看孩子的作文和日记，一定要征求他的同意，毕竟日记是孩子的隐私，暴露出来是需要勇气的，这需要父母理解。

4.与孩子成为朋友

父母要想主动走进孩子的内心世界，就要与孩子进行密切接触，消除距离感，成为“零距离”的知心朋友，这样孩子才会把自己的一些想法做法告诉父母。这时候，孩子不把父母当作高高在上的父母，而是当一个可以交心换心的好朋友，孩子对父母不会保留自己的秘密。

5.重视孩子的内心需要与感受

父母需要重视孩子的内心需要与感受，体会孩子的心声、苦恼，鼓励孩子表明自己的想法和感受。有时候，父母可能会不赞同孩子的一些行为，但是孩子内心的感受也是可以理解的。父母要明白，孩子对事物的感受或心理活动往往比他的思想更能引发他的行为。所以，父母应该重视孩子的感受，并对他的感受认真加以理解和评价，这样会促使孩子在你面前展露一个真实的内心

世界。

6.给孩子战胜困难的勇气

当孩子面对没有做过的事情，或没有把握的事情，或者面对困境和挑战的时候，最希望得到父母真心的鼓励。告诉孩子“你能行”“不要怕”“再加把油”“你是个勇敢的孩子”“要有点冒险精神呀，宝贝”，可以鼓励孩子勇敢面对，大胆进取，不断努力和尝试。

7.认可孩子的观点和行为

孩子往往希望可以从大人那里得到认可，但我们似乎总是让他们失望。多和孩子这样说：“你的看法有道理！”“你一定有好主意！”“你的想法呢？”而不要轻易否定他们的看法和想法，不要驳斥他们的意见，学着鼓励孩子的意见，表达出自己的心声让他们按照自己的想法去做做看，去试探一番，宁愿他们从中得到教训，也不要轻易否定他们。没有试过，你怎么知道自己一定就比孩子高明呢?

8.珍视孩子的进步

随时都要看到孩子的进步，并及时给予赏识，会让孩子重新建立做好事情的勇气和信心，否则会让孩子失去前进的动力。对于孩子任何的一点进步，都应该及时给予鼓励和称赞，欣慰地对孩子说“你长大了”或者“不要急，慢慢来，你已经有了进步”“你一点也不比别人笨，妈妈每次都能看到你的努力和进步”。这些足以让孩子看到你对他的重视，产生“一定会做得更好”的勇气和信心。

心理启示

父母埋怨“孩子不理解自己的一片苦心”，孩子也抱怨“父母根本不了解自己”。孩子在这一阶段已经逐渐有了自己的内心小世界，由于惧怕、害羞等多种原因，他们会封闭自己的内心世界，不会轻易向父母吐露自己的内心想法。这时候，就需要父母主动走入孩子的内心世界，倾听孩子所思所想，读懂

孩子的烦恼与快乐，真正成为孩子的知心朋友。

位差效应：给予孩子平等的语境

位差效应给予我们启示：只有平等的沟通才是可贵的。

在教育子女方面，父母们容易陷入一些误区，不管孩子在想什么，不管孩子的意愿，而一味对孩子进行批评式或输灌式教育。如果父母永远站在权威、强势的位置上，就不能理解孩子的想法和意愿，一厢情愿地认为自己“为了孩子好”，总是命令、强压、威胁、以暴制暴的话反而容易激起孩子的逆反心理，引发激烈的反抗。事实上，要想改变这种现状，就要给孩子和父母平等对话的语境，做孩子的好朋友，好伙伴，才能使家中的沟通氛围更加和谐温馨。

女儿总是抱怨：“从小到大，我听的最多的一句话就是，都是为了你好。这句话就好像一句咒语，父母总是打着爱的旗号，限制着我的自由和独立。”

只要女儿一不听话，妈妈就开始训斥：“我辛辛苦苦赚钱，做那么多辛苦的事情，还不都是为了你好？你怎么就这么不听话？妈妈一心为你好，可你呢？还反过来让妈妈生气，真是太让我伤心了。”女儿做错事情，妈妈又开始训斥：“你以为我愿意骂你、惩罚你吗？还不都是为了你好。骂你、惩罚你是为了让你知道你做的事情都是错的，让你知道悔改，让你知道以后该怎么做。”

女儿被逼急了，就会大叫：“我不要你为了我好，我最讨厌这句话！”

父母总是说：“我都是为了你好。”这些话实际上是沉重的，它带给孩子的，更多的是一种压力和负担。这些话如此斩钉截铁，不容辩驳，孩子一点小小的反抗都被视为大逆不道，因此只能选择内疚感去顺从。

1.征询孩子的意见

当父母制定关于孩子的某项计划或规则的时候，最好听听他的意见。无论

是“每天晚上只许玩半个小时的游戏，九点以前睡觉”还是“暑假去参加某某兴趣班或夏令营”，事先都最好征求孩子的意见，对于参与制定的计划，孩子更有执行的兴趣、信心和耐心。不要安排孩子的一切，问他“这周末想要怎样安排”，如果孩子太小，不妨给出选择：“是去游乐园还是去爷爷奶奶家？”

2.倾听孩子的想法

父母与孩子所处的地位不同，与孩子所关心的内容不同，想法往往也不一样，父母认为好的，不一定是孩子想要的；父母认为正确的，不一定是孩子认可的，听听孩子的想法与观点，对于孩子合理的想法和意愿，应放手让孩子去独立完成，或者设法满足孩子的合理要求。

对于孩子不合理的想法，要先用心聆听，然后给出合理的建议，再让孩子自己去选择，哪怕他在尝试中会摔跤。多问问孩子：“你是怎样想的？”“说说你的主意？”“你觉得这样解决怎么样？”这样才能培养孩子的开放性思维，提高孩子分析问题、开创性想法的能力。

3.与孩子多互动

在大多数的家庭教育中，父母永远处于主导地位，孩子永远处于被动地位，被迫接受父母的命令和斥责，不管这些多么没有道理。事实上，父母不一定都是正确的，应该尊重孩子作为一个独立个人的思想和意志，让家庭沟通变成一个双向的、互动的过程，父母可以影响孩子，孩子也可以影响父母。父母应多作自我批评和自省，用语言和行为给孩子树立榜样。少说“大人说话，小孩别插嘴”，“按照我说的去做”，多告诉孩子“妈妈也有错”，“我们也有责任，忽视了你的感受”，“你有什么想法，说出来听听”，会让孩子更重视、更尊重你。

4.允许孩子申辩

无论孩子做错了什么，请允许他进行申辩，并不要把这些申辩看成是狡辩、强词夺理。当然，如果孩子任性，不讲道理，应必须坚持让孩子道歉。申辩也是一种权利，不能要求孩子俯首帖耳，这样的孩子没有前途。发现孩子不合你意，或者做错了事，应该首先思考到底谁出了问题，听听孩子的理由，而

不能简单地训斥和责骂。不允许孩子申辩，不但不能使孩子心服口服，还会使他滋长一种抵触情绪，为说谎、推脱责任埋下恶根。

孩子申辩本身是一次有条理地使用语言的过程，也是交流的过程，听听他的理由，也许你会觉得孩子这样做并没有什么错。当然申辩不等于强辩，如果发现孩子有推脱责任、强辩的倾向，应该坚持让他认识到自己的错误。

心理启示

父母对孩子的任何批评的话语再加上一句“都是为了你好”之后，似乎就变得理所当然。然而，许多孩子的天性就会因此被扼杀，最终按照父母认为该有的路线去规划、去发展，做他们认为对的事情。总之，父母要学会平等地和孩子交流，不权威俯视，也不强势压迫和命令，倾听，然后尊重，实现平等，才能让孩子更服气，家庭氛围也会更融洽。

低声效应：蹲下来与孩子说话

许多父母在孩子面前都是高高在上的姿态，言行举止中透露出作为父母的威严与不容侵犯的权威。于是，对面的孩子显得战战兢兢，在与父母的相处中，他学会了不讲道理，学会了“镇压”的方式，他甚至学会了父母的沟通方式。在孩子的嘴里，也经常蹦出“闭嘴，我不想再听了”，“你跟我说再多还是没有用，我已经决定了”等这样一些字眼。父母感到诧异，孩子怎么会用这样一种语气与自己谈话呢？此外，有的孩子对父母完全关闭了自己的心灵之门，无论父母怎么劝说，孩子就是不肯说出自己内心的想法。

出现这样一些现象，都是因为我们的父母在很多时候，都习惯以高姿态来教育孩子。他们认为孩子什么都不懂，在很多事情上，父母擅自做主，不允许

孩子有一点点逆反的意思，如果孩子提出了异议，父母就会大手一挥：“你懂什么，该干什么就干什么去。”这样一种高姿态扼杀了孩子想表达的欲望，也断裂了父母与孩子之间亲密的关系，继而给双方的沟通带来一些阻碍。

放学回来，爸爸就要孩子豆豆赶快去写作业，孩子磨蹭着脚步，嘀咕着说：“爸爸，我先把这本课外书看完，行不行？”正在为工作而闹心的爸爸有点不耐烦地说：“爸爸叫你去写作业，你就去写，不要在那里啰哩啰唆，也不要在那里讨价还价，明白吗？没有看到爸爸正忙着呢吗？”“我也有说话的权利。”孩子小声地说道，就赶紧溜回了自己的房间。

正准备发火的爸爸听到了孩子的那句话，有些不可理解：“你一个小孩子，什么说话的权利？爸爸说这些话都是为了你好，你年纪还小，又没判断力，得听爸爸妈妈的。”

把孩子放在平等的位置，与孩子成为朋友，这些道理父母都懂，但是，在与孩子沟通的时候，父母还是会犯一个严重的错误：父母始终把孩子摆在了自己对立面的位置，他们认为自己说什么，孩子就得听什么，凡事以自己为标准，有的父母甚至不知道怎样去放下自己的身段和孩子在平等的高度上自由地交流。

1.平等沟通，父母才更受尊重

父母要想自己的想法被孩子所接受，就要找准自己的位置，放下自己的高姿态，与孩子进行平等沟通。父母与孩子的平等沟通，不仅是位置与角度都与孩子们一致，而且是思想观念上的一致，尽可能地与孩子站在平等的位置上交流，了解孩子的思想，这样才能真正地了解孩子的所思所想，与孩子实现更有效的沟通。

有的父母说自己的孩子越来越不听话，这时候，父母应该反思自己的教育方式，自己对孩子了解多少呢，是否与孩子进行平等的沟通呢？孩子有自己的想法和意见，若父母发现了孩子想表达的欲望，就要循循善诱，让孩子大胆地表露出自己的想法，对于孩子的想法，父母如果觉得合理，可以给予支持。只有父母实现了与孩子的平等沟通，父母才会更受尊重。

2.蹲下来，做孩子的朋友

父母感觉孩子会处处与自己作对，孩子感觉父母处处限制自己的自由，追根究底，就是父母没能成为孩子的朋友。要想了解孩子更多，与孩子进行更加有效的沟通，就要放下自己的高姿态，做孩子的朋友。在你与孩子成为朋友的过程中，孩子体会到了尊重，体会到了与你相处的快乐，作为父母，你收获的是否会更多呢？

心理启示

其实，孩子的心灵世界，远比父母想象的还要丰富，也比想象中更敏感，孩子会用自己的标准去判断事物的好与坏，去衡量父母在自己心中的位置。所以，要想了解孩子，与孩子进行顺利的沟通，并不是说几句简单的话就有效果，而是需要父母放下自己的高姿态，把孩子摆在与自己同等的位置上，这样才能进行有效而顺畅的沟通。

孩子的喜怒哀乐通常是最真实的，呈现出来也比较强烈，往往直接支配着其行为。哪怕一件在父母看来很小的事情，也常常引发孩子非常强烈的情绪波动。作为父母，我们如何引导孩子管理好自己的情绪呢？

霍桑效应：别让情绪成为孩子成长中的绊脚石

社会心理学家所说的“霍桑效应”也就是所谓的“宣泄效应”，霍桑工厂是美国西部电器公司的一家分厂。为了提高工作效率，这个厂请来包括心理学家在内的各种专家，在约两年的时间内找工人谈话两万余次，耐心听取工人对管理的意见和抱怨，让他们尽情地宣泄出来。结果，霍桑厂的工作效率大大提高，而这种奇妙的现象就被称作“霍桑效应”。

小乐感冒还没有好，就想吃冰淇淋，妈妈不同意。小乐生气地挥着小拳头打妈妈，边打边嚷嚷：“打死你，打死你。”看见小乐这样表现，妈妈很是无奈。

小乐是个内向的小姑娘，她不喜欢说话，一遇上不高兴的事情，就狠狠地咬自己的手。小手上留下一个个的小牙印，让妈妈心疼极了。

每个孩子都会有一定的情绪状态，比如恐惧、喜悦、悲哀、愤怒等。与成年人能够有理智地控制情绪不同，孩子的自我控制能力较弱，有了负面的情绪就会当场发泄出来。由于孩子年纪尚小，与人交往、沟通的经验尚浅，且对自己产生的情绪认识不清，所以在出现负面情绪时不知道该如何表达，只好自己寻找方式来进行宣泄。

孩子慢慢长大，心里想的东西越来越多，那种“给块糖就不哭”的日子已经一去不复返了。他们开始用心感受世界，寻找自己的朋友，开始将心里的一个角落封闭起来只装入自己的小秘密。有时，他们忽然觉得自己充满了矛盾和困惑，内心烦躁不安，想找个人大吵一架。孩子的心理是脆弱的，有时压力使处于天真烂漫年龄段的他们会感到无所适从，假如他们总把学习、生活或是人际交往中遇到的所有不愉快闷在心里，时间长了，难免有一天会做出什么不可收拾的事情，还可能会造成心理障碍。在没有父母引导的情况下，孩子自发的宣泄方式往往是不当的，比如哭闹、攻击他人、伤害自己等。不过，即便孩子们发泄情绪的方式有些过激，父母也应给予充分理解，所需要做的不是阻止他们，更不是大发雷霆或使用暴力，而是让他们懂得发泄自己的情绪。当孩子情绪平复后，你会发现他比以前更懂事了，还会为自己的过激行为感到惭愧，并对父母的宽容心存感激。

父母要有一双敏锐的眼睛，随时洞察孩子的情绪变化。当发现孩子情绪低落或反常的时候，引导他们找到一种好的发泄方式，试着与孩子进行心与心的交流和疏导。或是带孩子到野外登山或进行激烈的体育活动，让其情绪得以释放；或兑现一件孩子期待很久的承诺以满足其平时的不平衡心理。这时你会发现自己的理解拉近了与孩子之间的距离，你们彼此之间的相处会更和睦、更愉快。

1.避免粗暴对待

性格粗暴的父母看到孩子的情绪以不良的方式宣泄时，往往会忍不住暴跳如雷，简单地用粗鲁方式直接压制，遏制孩子的发泄。这样的方法表面看起来效果明显，但实际上孩子是出于害怕才停止宣泄，原来的不良情绪没有得到缓解，又增加了被粗暴压制的痛苦，很容易出现情绪问题。长时间这样，孩子内心积压的情绪问题越来越多，性格会变得抑郁沮丧，终有一天会爆炸。

2.避免轻易向孩子妥协

孩子的不良发泄有时是因为提出的要求没有得到满足，一些父母出于对孩子的疼爱或觉得烦躁，见到孩子哭闹就马上无条件“投降”，满足其所有要

求。这样做的结果是让孩子产生误解，认为只要哭闹就会迫使父母就范，于是每当有不被允许的要求，就会哭闹、撒娇。

3.培养孩子广泛兴趣

培养孩子多方面的兴趣，鼓励他们积极主动地投入各种活动，广泛地与他人尤其是同龄孩子交往，是让孩子学会积极的情绪宣泄的有效方法之一。尤其是孩子出现不良情绪时，父母不能长时间让孩子沉浸在消极情绪里，而应引导孩子学会转移消除不良情绪的方式，让孩子真正懂得在遇到挫折或冲突时，不能将自己的思想陷入引起冲突或挫折的情绪之中，而应尽快地摆脱这种情境，投入到自己感兴趣的其他活动中去。

4.允许孩子向“自己”宣泄情绪

孩子在遭遇冲突或挫折时，往往会将事由或心中的不满感受告诉父母，以寻求同情和安慰。孩子经常喜欢“告状”，这是以寻求支持的方式应对心理压力的策略。父母应该予以理解，这不仅体现了孩子对父母的信任，同时也是孩子消除心理不良情绪郁积的常用方式。

5.设置“冲突”情境，给予“补偿”教育

父母对于孩子表达的情绪体验和感受，不应妄加批评或评论，而是要通过设置“冲突情境”教会孩子表述自己的感受，讨论和商量出合理解决的办法。在冲突情境出现后要让孩子自己进行评论，学会寻找解决矛盾、让冲突双方都高兴的策略，让孩子通过讨论，自觉地按照合理的方式宣泄不良情绪。

心理启示

心理学家认为，每个人都应当学会发泄情绪，特别是孩子，他们心理承受能力差，也不会用大道理来开脱自己，要他们能很快调整心态，做到豁然开朗似乎比较苛求。最直接的方法就是将情绪发泄出来，这对他们的身心都有好处。

适度原则：允许孩子偶尔撒撒娇

适度的原则，是指使事物的变化保持在适当的量的范围内，既要防止“过”，又要防止“不及”，采取正确的方法。父母应该允许孩子撒娇，不过并非娇生惯养。平时生活中，我们对于“小皇帝”的报道听得很多，对于娇生惯养的危害也印象颇深。因此，大多数的父母都会有这样的认识：不能娇惯孩子。娇生惯养，纵容孩子一些不合理的倾向、习惯，对孩子的成长是极为不利的，比如吃零食、看电视、买玩具、玩游戏等，假如对孩子的行为没有约束，那恐怕他们会无节制地追求，就好像成年人迷恋金钱、名誉、权力一样。

昨天晚上凌晨一点钟的时候，我和孩子爸爸刚刚睡下去，就听到5岁的女儿喊：“妈妈，妈妈，我要去厕所。”我对宝贝说：“你自己去吧，来妈妈这里拿电筒。”女儿直嚷着：“我不去，我害怕，我要妈妈陪着我去。”我好心劝导：“宝贝，你自己去吧，我们先不睡觉，在床上看着你，直到你回来，好吗？”但是，不管我怎么说，她就是不肯去，在床上哼哼唧唧的。顿时，我觉得自己火气直往上冒，然后就说：“要去就自己去，不然就拉在自己床上。”女儿听后哇哇地大哭起来。

我越听越生气，把孩子说了一通。尽管我潜意识里觉得自己不应该发火，但就是控制不住自己，总是觉得都那么大的孩子了，也太娇气了，自己上个厕所都不肯。她总是跟我说怕鬼怕坏人，我也无数次告诉她这世界上是没有鬼的，所有关于鬼的一切都是我们人类自己编造的。而坏人嘛，家里的门都是锁得死死的，坏人哪有那么容易就进来了？而且爸爸妈妈都在家里，干吗啥事都需要爸爸妈妈陪伴呢？

不过，父母都是喜欢矫枉过正的。在不知不觉间，连对孩子正常的愿望、欲望也限制了，连孩子正常的心理、需求也视为娇气。父母开始对孩子有比较高的要求，着急孩子可以早点坚强、自立、成熟。孩子在成长过程中是慢慢长大的，比如他们小时候怕狗、怕猫，恐惧心理是莫名的，不是想不害怕就可以做到的，这与意志无关，也不是娇气的事情，作为父母，我们需要适时满足孩

子内心的自我肯定感。

日本教育作家明桥大二曾提出，父母应在孩子童年时期培养其自我肯定感，让孩子撒娇，促使其形成独立的人格。自我肯定感是孩子心灵成长的根基，0~3岁是培养孩子自我肯定感的最佳时期。然而，许多父母大多关注孩子的身体健康和学习，忽视了孩子的心理健康。

1.多拥抱孩子

怎么样培养孩子的自我肯定感？明桥大二认为，父母要应多拥抱孩子，仔细聆听孩子讲话，让孩子感受到父母对自己的重视。当然，对于幼儿来说，多给孩子换尿布、喂母乳等也是培养孩子自我肯定感的有效方式。

2.十岁以前的孩子允许其撒娇

让孩子撒娇，有利于培养孩子的自我肯定感。孩子十岁以前要允许其撒娇，让孩子获得依赖感和安全感，有依赖感和安全感的孩子才有意愿向往独立。父母要杜绝不让孩子撒娇，也就是无视或放任不管，以及过度干涉孩子。

3.允许孩子合乎情理的撒娇

父母要学会区分孩子的撒娇哪些是合乎情理的，哪些是不合乎情理的。比如孩子生病、身体不舒服时，就比较容易撒娇；婴儿每天的午后和晚上要睡觉时会撒娇；外界扰乱了孩子的生活习惯就可能导致孩子吵闹、撒娇；孩子到了一个陌生的环境，因为不熟悉环境而产生心理不愉快也会撒娇；当孩子情绪低落、心情不舒畅时也容易撒娇……这些父母都应该予以理解和体谅。

4.允许孩子撒娇而非娇惯孩子

允许孩子撒娇和娇惯孩子是两个概念，允许孩子撒娇，更多的是理解和适度满足孩子的正常心理需求。孩子本来就是孩子，一点儿都不娇气那就是大人了。而娇惯孩子更多是无节制地满足孩子的欲望，过分纵容孩子的表现。让孩子撒娇与娇惯孩子不同，前者是满足孩子情感上的需求，对孩子依靠自身能力可以做到的事要尽量放手；后者是满足物质上的需求，对孩子的事大包大揽。允许孩子撒娇，他并没有被“惯”得娇气，孩子自身的生命力和自立能力是茁壮的，会自然地生发出来。

心理启示

自我肯定感，是让孩子意识到“我是有存在价值的，是被别人需要的，做我自己就可以”。只有孩子有了自我肯定感，才会有学习欲望，才能促使其提高素养，形成良好习惯。假如缺乏自我肯定感，孩子会认为自己活得没有价值，反而容易丧失努力学习和提高素养的欲望。

避雷针效应：处理孩子的负面情绪

避雷针效应启示我们：善疏则通，能导必安。父母总会对孩子说：“别这样，你这孩子怎么这么不懂事？”实际上，父母这样的表达就否认了孩子的不良情绪。孩子会感觉到自己不应该有这样的情绪，而应该像机器一样，始终保持良好的情绪状态。如此不仅不能让孩子宣泄负面情绪，而且会助长孩子的压抑和自我否认。孩子会先认同父母的说法，压抑自己的情绪，时间长了连他都意识不到自己还有负面情绪，这样的教育方式往往会导致孩子发展出一些心理问题、心理障碍。

学校即将有一场重要的篮球赛，小东很高兴，走路时都是跳着走，他想好好表现一下。不料在下楼梯时，他激动地一跃而下，结果一下扭伤了脚。小东的心情顿时从沸点降到冰点，他很气恼，狠狠地用拳头砸墙。

放学后，小东失落地回到家，父母看到他脚扭伤了，赶紧问：“哎呀，你打球不小心扭伤脚啦？”小东听到“打球”二字，大吼一声，冲进了屋子。父母吓了一跳，听到小东在屋里还大叫了几声。

有的父母面对发脾气的孩子，则会表示“没什么大不了，有爸爸妈妈在，什么都会帮你解决”。他们希望通过这种方式来宽慰孩子，想要帮孩子减轻思

想负担，结果却适得其反。这些父母教育方式的问题并不在于没有爱，而是爱的方式出了问题，父母过分地在思想上控制孩子，以爱的名义剥夺孩子自由思想的空间。

孩子年龄越小越容易由于生理性需求未达到满足而引起惧怕，引发其负面情绪。一旦出现这样的情况，父母切记负面情绪宜“疏”不宜“堵”。

1.了解孩子沉默的原因

孩子不善于用语言表达情绪，孩子开始沉默，就表示他的情绪有波动了，父母要用心观察，别让孩子被负面情绪所困扰。孩子的情绪表达中，有一种方式叫作沉默。父母不要因为工作忙忽略这个细节，及时给予孩子关注和引导，就可以让孩子远离负面情绪，重新平静、快乐地生活。

2.允许孩子哭泣

当孩子因为伤痛哭泣时，父母别责备他，不要对他说“做人要勇敢，不能哭”之类的话。孩子哭泣了，这表示他的情感正处于最脆弱、最需要安慰的时刻，这时父母要允许孩子哭泣。与成年人相比，孩子行为的目的性更强，他向人哭诉，是希望有人给予自己真正的帮助，急切地想寻求解决问题的方法，并不只是想获得心理上的安慰。父母应给予孩子及时的帮助，让孩子顺利地渡过难关。

3.允许孩子发脾气

当孩子用大喊大叫、发脾气等方式来发泄情绪时，父母别生气，更别在这时训斥、制止他，让他好好发泄一下，然后再与孩子谈心，会达到更好的效果。小男孩体内的睾丸素让他们在受到刺激时，比成年人更愤怒，更需要发泄。孩子用身体冲撞、大吼大叫等方式来发泄情绪，这时父母别担心，也别批评，让孩子痛快地发泄，之后找回内心的平静。

4.理解孩子的负面情绪

父母一定要学会理解、接纳、保护、疏导孩子的负面情绪。因为孩子出现负面情绪是很正常的事情，他们感到惧怕才会知道注意安全；他们感到愧疚才知道有些事情是不对的；感到难过才会理解别人的悲伤。所以，父母不要总是

否认孩子正常的情绪表达，也不要过分压制孩子的表达。

5.保持积极的亲子沟通

父母在与孩子相处时，一定要学会耐心地倾听，让沟通对孩子的负面情绪发挥引导作用。那些能闹、能说、接纳自己天性的孩子才容易成为心理健康的孩子，所以，亲子之间的积极沟通可以让孩子有地方说心里话、有地方释放情绪压力，让家庭成为孩子有话可说、有话直说的空间。父母不要压抑孩子的真实想法，不否认孩子正常的情绪表现，这样培养出来的孩子才会更健康。

哭闹是孩子发泄情绪的本能，假如发作前期不能控制住，不妨让孩子先宣泄一下情绪。父母要保持冷静的心态，等孩子情绪稳定点再用简单的语言解释，用轻松的口气告诉孩子不要着急，以此缓解孩子的不良情绪。

习得性无助：孩子的成长需要犯错误

习得性无助心理，指的是因为重复的失败或惩罚而造成的听任摆布的行为。孩子天生就是积极的，喜欢尝试的。只要他一张开眼睛，就尝试着到处看；当他能控制自己的动作时，就喜欢到处爬。自然，由于许多事情都是第一次，难免会出错。

如果对于孩子的每一次尝试父母都报以严厉呵斥“不准”或大惊小怪地惊呼“危险”时，他就好像被电击一样，时间长了，他会对自己所说的事情变得不那么自信了，因为他不知道自己做完之后父母是否又该大声说“不”。最后，他会如父母所愿变成一个乖孩子，却也把“自卑”的种子深深地根植于心中。

赵妈妈抱怨，儿子每天小错不断，大错隔三差五，每天在家里搞破坏，比如早上起来孩子把卷筒纸缠在身上做飘带，上学路上把奥特曼拆得七零八落，幼儿园老师反映他把洗手池的水龙头堵了，想看看水还能从哪里冒出来……

儿子一次次犯错误，他卧室的灯泡一个月内闪坏两次，却推卸责任说妈妈买的灯泡不“结实”；后院里的花朵一天天减少，小家伙摘了种在土里、泡在水里，屡种屡死；饭后积极收拾碗筷，摔坏碗筷，还不打自招地称“我不是故意的”，然后还恍然大悟地说：“妈妈，原来瓷盘子真的能摔坏呀！”对于孩子幼稚且故意犯下的错误，妈妈十分生气，训过几次，却没什么效果，儿子还变本加厉故意作对，这让妈妈很是头疼。

心理学家告诫父母们：不要努力培养“不会犯错的孩子”。有些父母在教导孩子时，亦步亦趋地紧盯着孩子，要求着孩子不要犯错，只要孩子错一点点，就着急叮咛与矫正，担心孩子做错事。不过，父母是否考虑过，这样真的是对孩子最好的方式吗？小时候不让孩子去尝试，等到长大后又抱怨孩子很被动，没人教他就不会动；小时候不让孩子“失败”，等到长大后却又抱怨孩子怕“挫折”，一点小事就放弃。

对孩子而言，没有比拥有一个“完美”的童年更糟糕的事情了。法国教育家福禄贝尔曾说：“推动摇篮的手就是推动地球的手。”对于父母来说，智商并不是第一位的，不过智慧一定是最关键的。孩子犯错并不可怕，可怕的是父母对待孩子犯错的错误方式。父母不当的管教方式，不仅不能让孩子认识到错误的本质、体验到犯错的后果，反而让孩子身心受到更大的伤害，甚至会让孩子走向父母期望的反面。

孩子衡量自己的唯一途径是通过父母的反应，父母应传递给孩子的信息是：只要尽最大努力就够了，错误是学习和成长中很自然的一部分。通过犯错误，让孩子学到什么是对的、什么对自己最好。当孩子得到明确的信息，明白犯错误没关系时，那些不良反应就可以避免。所以，父母应允许孩子犯错误，且视错误为学习的过程，让孩子有机会得到充分的发展。

1.鼓励孩子大胆尝试

孩子就像是一个天生的“科学家”，凡事都要亲身去尝试，才会愿意相信这是事实。即便父母跟他说“这个杯子会很烫”，假如杯口没有冒热气，孩子总要摸一下才会愿意相信。尽管这在父母看来是调皮，不过也就是因为这样的“天真”与“执着”，让孩子与父母有着截然不同的想法。允许孩子犯错，实际上就是鼓励孩子不怕失败、敢于尝试。

2.重视孩子的天性与特长

当父母把所有的精力都在重视孩子“不会犯错”，却忽略了孩子的天性与特性时，这样的努力到头来可能是一场空，且会让孩子感到筋疲力尽。孩子的成功值得表扬，不过“失败”也不是一件错事，最重要的是孩子喜欢“探索”与“尝试”。父母应重视孩子的天性与特性，鼓励孩子在尝试中成长。

3.不要把“不可以”挂在嘴边

婴儿是在跌跌撞撞中学会走路，那是因为不怕跌倒，才可以走得很好。父母不要总是把“不可以”挂在嘴边，这不是在保护孩子，反而是在限制孩子的发展。相反，父母可以告诉孩子可以怎么做，给孩子一些练习的时间，不要期望孩子在第一次就可以好好配合，毕竟孩子需要练习才会熟练。

4.鼓励孩子认错

假如孩子真的犯错了，父母需要耐心教导，鼓励孩子承认错误。让孩子明白，犯错是一件很平常的事情，每个人都会犯错，只要勇于改正就是好孩子。在这个过程中，父母要有足够的耐心，否则就会让孩子担心会受到惩罚，这样反而会让孩子学会隐瞒自己的错误。在他们看来，与其面对惩罚，还不如隐瞒所做的事情并希望不被发现。

5.别给孩子乱贴“标签”

当孩子犯错的时候，记住不论自己多么生气、多恼火，一定要努力克制住情绪，不要乱贴标签，比如“坏孩子”“惹祸精”等。等到父母和孩子都心平气和的时候，不要用命令的语气，而是用建议的方式跟孩子沟通他的错误，这样父母会更深刻地了解孩子犯错的心路历程，借此可以引导孩子认识世界，引领孩子健康成长。

心理启示

每一个孩子天生就是纯真而美好的，他们带着自己独特的命运来到这个世界。作为父母，我们最重要的任务是识别、尊重并培养孩子自然而独特的成长过程，有责任明智地支持孩子，帮助他们发展自己的天赋和优点。父母需要意识到，没有哪个孩子是完美的，所有的孩子都会犯错误，这是不可避免的。

杜利奥定理：帮孩子减压从自己做起

杜利奥定理启示我们：心态好，一切都好。随着考试的临近，医院心理咨询室成为考前心理减压的热门科室。但是，每次大型考试来临前，在减压人群中，父母自己压力过大居然占了大多数，那些做心理减压的父母几乎是孩子的两倍多。为什么会出现这样的情况？著名心理咨询师解释说，随着考试临近，一人考试、全家备考的现象比较普遍，高度担心孩子的考试成绩很容易导致父母产生心理障碍。

距离孩子升学考试越来越近了，孩子在老师的指导下按部就班地备考，闲在一边的妈妈却显得很焦虑。她想给孩子帮忙，想了解孩子的情况，却又怕方法不对适得其反。这几天孩子正在进行模拟考试，在公司与同事讨论孩子的成绩成为妈妈的主要话题，她的喜怒哀乐几乎只与孩子一次次的考试成绩相关，成绩似乎成了妈妈的晴雨表。这两天，妈妈发觉自己都瘦了一圈，睡眠质量也下降了，工作质量也有所下降。除了考试，妈妈对其他的事情不再关注，晚上回到家也不打开电视，理由是为孩子营造安静的环境。

距离孩子升学考试还有一个多月，妈妈出现了失眠、食欲不振、焦虑等症状，好像没办法控制自己的情绪了。

随着考试的接踵而来，许多父母的情绪都随着孩子考试成绩的好坏来回起伏，忽上忽下、亦喜亦忧。由此可见，父母为了孩子的前途而焦虑，甚至比孩子的焦虑程度还要高，他们表现为多方面：可能在短时期内体重下降；对孩子的身体状况过分担忧；经常会下意识地提醒孩子不要有压力；经常失眠，睡眠质量下降；工作也大受影响；除了考试，他们不会关心其他事情；经常在家里发脾气。

其实，这些表现都会影响到正常的家庭生活，而且会把这种紧张情绪感染给孩子。所以，提醒各位父母在给孩子减压的同时，也要学会自我减压，切忌刻意营造紧张氛围。

1.不要刻意营造紧张氛围

孩子即将面临重大考试，不少父母的神经就开始绷紧了，刻意减少了自己的娱乐时间，希望能给孩子营造一个安静的学习环境。这样一次考试下来，父母比孩子还要紧张，为了给孩子减压，许多父母克制自己不去问孩子的学习和考试情况，甚至不敢在孩子面前多提“考试”，家里的饮食、作息时间都以孩子为中心。其实，父母越是这样刻意地打乱日常生活，你所传递给孩子的情绪就越糟糕，而且自己也感到手忙脚乱的。建议父母不要打破日常生活习惯，既不要打破口常生活规律，也不要以孩子为中心，适当减少对孩子的关注。当父母保持一种正常的生活，该干吗就干吗时，自然也就没有那么紧张了。

2.保持一颗平常心

考试的分量越来越重，孩子又是家里的独生子女，父母缺乏应考经验，出现紧张焦虑的情况是正常的。虽然，小升初是第一次转折考试，而对于漫长人生而言，这次不过是一次普通考试。父母需要调整好心态，从实际出发，抱着合理的期望值，不要让完美主义压垮自己，把更多的精力用来了解孩子的学习情况，以及关注孩子在其他方面的发展。

3.主动与孩子沟通

有的孩子性格比较内向，一个人紧张得在那里哭，却不愿意告诉父母，而父母不知道发生了什么事情，又害怕不当的询问增加了孩子的心理压力，在这

一过程中，父母也增加了自己的心理压力。这时候，父母要主动与孩子沟通，善于倾听孩子的心声，做孩子的忠实听众。如果孩子遇到了问题，父母要与他一起分析，帮助孩子正确认识自己，化解问题，树立信心。与孩子沟通的时候，父母不要摆出高高在上的姿态，要做孩子的知心朋友，这样可以增加与孩子的正常沟通和交流的有效性，也就减少了自己的盲目猜测和怀疑。

4.不要过度关注孩子的成绩，学会自我减压

父母需要为自己减压，只有自己轻松了才能让孩子感到没有压力。其实，父母在为自己减压的同时，也是为孩子减压。不要过度关注孩子的成绩，虽然我们不能改变分数的高低，但我们可以改变自己的态度。父母应该调整好自己的心态，不要过度地关注孩子的学习或考试成绩，在适当的时候提醒就可以了。

心理启示

心理咨询室每天都要接待大量的孩子和父母的咨询，但其中父母明显多于孩子，心理咨询师认为，有的父母在考试前担心孩子考不好，整天愁眉苦脸，很少说话，而且这种情绪会或多或少地感染孩子，形成“交叉感染”。所以，心理专家提醒每一位父母一定要保持愉快的情绪、平和的心态，学会自我减压，为孩子营造温馨的气氛，让孩子轻松备考。

心理疲劳：别让孩子活得太累

望子成龙是很多父母的夙愿，不过美好的夙愿却由于不恰当的教育方法而让这些孩子成了“疲惫的一代”。许多父母希望在孩子身上实现自己的梦想，有的父母注重孩子的学习成绩，给孩子题海战术；有的父母注重孩子的才艺培

养，让孩子参加各种兴趣班。这些父母就像是在揠苗助长，没有注意到身心疲惫的孩子。

最近孩子写了一篇日记——《我最喜欢生病》：“我喜欢生病，生病是我的最爱。因为生病了，全家人都会像伺候小皇帝一样伺候我，我就像当了小神仙一样，不，应该比小神仙还舒服。”平时，孩子放学一进家门，就跟我说：“妈妈，我今天好累呀，能不能少写点作业，少做些题？”孩子真是累了，从进门开始就是一副无精打采的样子，我问孩子：“怎么了？”孩子喘着气说：“每天作业太多了，我放学一回家就开始写、写、写……”

上周末我打算带孩子去学小提琴，结果快到老师门口了，孩子小声央求我说：“妈妈，求你别让我学小提琴了，星期天我已经上了三门课了，我要累死了！”看着孩子乞求的眼神和失去了快乐的笑脸，我的心不由得隐隐作痛。

很显然，孩子产生了心理疲劳效应。孩子产生心理疲劳的主要原因就是精神紧张和学习过量，许多孩子担心父母失望，加上学习压力大，由此导致心理的紧张与疲劳。

今天的孩子在物质上可以得到满足，不过他们也仅仅有物质上的满足。父母与孩子很少会有心灵的融会与沟通，不过孩子却承载了父母太多的希望。“不让孩子输在起跑线上”成为许多父母的口头禅，孩子呱呱坠地时就定下了考大学的目标，于是让几个月的婴儿学识字，牙牙学语的孩子学英语。辅导班、特长班让孩子应接不暇，结果孩子的书包越背越重，眼镜片越来越厚，孩子长时间的不堪重负，使得他们脸上很难有属于自己童年的纯真的笑容。

父母无暇顾及孩子、忙于工作、日复一日地抱怨“心太累”的时候，这样的成人病已经降临到孩子身上。请别让孩子“心太累”，当你的孩子有这样一些表现时，就有可能是产生了心理疲劳：不喜欢上学、不愿见老师，有的甚至一到上课时间就喊肚子疼；不愿做作业，一提作业就烦躁，一看书就犯困，不愿翻书本；即便在没有外界干扰的情况下，注意力也不能集中，有的孩子尽管手里拿着书，却始终看不进去；不愿意父母过问学习的事情，对父母的询问保持沉默，或情绪极度烦躁；上课常常打不起精神，课后却非常活跃，常常是

“玩不够”。

1.成长比成绩更重要

很多时候，父母要降低期望值，帮孩子减压，而不是火上浇油。比如，孩子没考好，父母可以安慰：“没关系，好好学习吧。”即便孩子再次发挥失常，父母也可以鼓励：“这样真好，你就知道自己的不足在哪儿了。”父母应该有这样的观念：成长比成绩重要，一次考试只是孩子人生长跑的一个阶段，一次没考好还有下次。父母需要告诉孩子，尽力就行了，不要刻意给孩子定下目标。

2.主动走进孩子的生活

对于那些已经有心理疲惫现象的孩子，父母要主动走进他的生活，和他多交流，给孩子一个宽松的环境。父母要多给孩子运动和娱乐时间，给孩子们的压力找个宣泄出口，引导孩子以平常心看待考试，用积极的心态应对学习上的各种挫折。

3.给孩子在心理上减压

父母要根据孩子的实际情况，帮孩子明确和分解阶段性的奋斗目标，用不断取得的小成绩激励孩子，恢复孩子的自信心，让孩子在愉快的情境中消除身心的疲劳感。

4.培养孩子的学习兴趣

父母可以调动孩子本来就有的旺盛的求知欲，让孩子感受到学习知识是快乐的事情。引导孩子带着愉快的心情去学习，即便学习内容多、难度较大，孩子也不容易感到疲劳。

5.增加孩子休息和玩耍的时间

学要痛痛快快地学，玩要痛痛快快地玩。这句话是对学习和生活的最好诠释。不管是孩子，还是父母，只有玩好了，休息好了，心理疲劳才会消失。情绪好了，精神饱满了，再反过来学习，才能高度集中注意力，使学习取得最好的效果。

心理启示

孩子正处于心理和身体的发育时期，过小的年龄担负不了太大的压力，长时间让孩子超负荷运转，会让孩子减少欢乐，增添疲劳与紧张，容易产生缺乏信心、没有热情、考试焦虑等心理问题，对孩子健康人格的形成和良好品行的养成，都有极大的负面影响。

第07章 成长心理学——给予孩子放松的成长空间

众所周知，孩子在每一个成长阶段都会呈现出不同的心理特点。如果在某一阶段出现了问题而没有得到解决，就将会遗留到下一个阶段，问题累积越来越多，养成习惯就会难以纠正。作为父母，在孩子成长过程中，我们要深谙成长心理学，给予他一个放松的成长空间。

凯迪拉克效应：顺应孩子的成长特点

生活中，父母常常按照自己固有的认识和愿望去塑造孩子，却忽视了孩子本身是一辆马力十足的轿车，而自己却正用两匹马的力量在拉着他前行。这就是著名的凯迪拉克效应。

每个孩子最初都是一只完美的杯子，而后来每只杯子总是受到不同程度的伤害，这些伤害来源或是来自父母，或是来自老师。最终，被伤害的孩子疏远了父母，与父母之间形成的隔膜日渐深厚，可我们还是听到父母大声地责备：“你怎么永远那么笨！”教育专家研究发现，在一个普通家庭里，一个孩子平均受到十次批评才能得到一次表扬。所以，许多孩子在成长过程中总是感觉到自己很失败，他们封闭了自己的世界，变得性格孤僻、敏感。其实，之所以出现这种情况，大部分都是由于父母在每天与孩子的谈话中传递给他们这样的信息。

林妈妈周末带着孩子去邻居家串门，正好撞上李太太正呲牙咧嘴地训斥孩子，那孩子看起来很害怕，身子也不停地颤抖，连正视李太太的勇气都没有。李太太见来了客人，收敛了自己的情绪，还不忘对着孩子骂了一句：“我说你真是笨啊，朽木不可雕也。”妈妈们吩咐豆豆：“去带着弟弟出去玩吧。”孩子带着那小男孩出去了。

林妈妈和李太太开始聊起了孩子的教育。李太太说，孩子不争气，这次期中考试几门功课都才到及格的边缘。林妈妈能体会李太太那种望子成龙的心情，但孩子那惶恐的表情更让自己心疼。林妈妈有些担心地问："孩子跟你亲近吗？""什么亲近不亲近，每天都在家里，不过除了我教训他，他可从来不敢在我面前讲话。"李太太有气无力地回答，林妈妈听了这话，有点担心那孩子的心理，不顾李太太的面子，反问她："看你骂孩子笨蛋，难道孩子就像一块废铁，一点优点都没有吗？"

很多父母都会犯这样的错误，总是大肆宣扬自己孩子的缺点，好像孩子浑身上下真的一无是处。当有人问到孩子的优点时，他们总是支支吾吾答不上来。许多父母对自己的孩子不满意，越苛刻，孩子表现就越差，而且性格越来越孤僻，真正成了父母口中所说的"失败者"。难道孩子真是像父母说的那样没用吗？每个孩子都有自己的优点与缺点，愚笨的父母只知放大孩子的缺点，却忽视了孩子的优点。

1.正面积极肯定孩子的优点

有的父母看到了孩子的成绩给予了赞扬，但这样的赞扬只会短暂地出现，让孩子感到骄傲与自豪。当孩子的优点成为一种习惯的时候，他们就觉得孩子的表现已经得到了肯定，便不再赞扬他这种行为了。事实上，这时候，孩子会觉得自己的积极性受到了打击，慢慢就失去了做事情的兴趣。在孩子表现出彩的时候，父母应该给予正面的赞扬与肯定，积极的正面肯定会让孩子感受到父母的喜悦，给孩子带来愉快的心理感受，这样强化孩子的表现，能促使孩子做得更完美。

2.顺应孩子的特点，欣赏其独特的一面

每个孩子都有自己的特点，有的孩子可能还有轻微的自我封闭倾向，这时候，父母也不要感到大惊小怪。这些特点也是孩子人格的一部分，父母的斥责只会激起孩子的逆反心理，让孩子个性倾向越来越严重。如果父母发现孩子有一些与众不同的特点，不妨寻找出其特性中的积极因素，因势利导，帮助孩子

变得快乐自信起来。

3.父母要善于发现孩子的闪光点

每个孩子都是优秀的，父母缺少的是一双发现闪光点的眼睛，这就需要父母善于去发现孩子的优点，给予孩子肯定与鼓励，帮助孩子树立起自信，完善自己的人格。比如，有的孩子总是在家里搞破坏，把东西拆了，表面上看是一种调皮的行为，但父母若从另外一个角度看，孩子是喜欢动脑筋的聪明孩子，对于孩子的聪明要给予正面肯定，对于孩子的行为也要积极引导，而不是打击孩子的积极性。这时候，父母一定要保持冷静，善于去发现孩子的闪光点，尽量以鼓励为主，多一些宽容，少一些苛刻，这样才有利于孩子健康地成长。

心理启示

事实上，孩子在成长过程中也需要适当的赞扬，他们才更有勇气去挑战未来，而一味地责备与批评只会打击孩子的自信心，让他们变得自卑，变得敏感。其实，每个孩子都是优秀的，这种优秀需要父母爱的耐心和宽容，多看看孩子的优点，这是每一位在困惑中的父母所需要做的。

甘地夫人法则：让孩子在受挫中成长

甘地夫人认为，人在成长过程中，既有愉快的体验，也不可避免地遇到各种挫折。挫折的到来不会以人的意志为转移，更不是父母时刻呵护就能避免。要让孩子知道和慢慢体会，拒绝挫折就等于拒绝成长。

现在的孩子大多数都是在万千宠爱中长大的，在他们身上显现出任性、脆弱、自我、依赖性强、独立性差等这样的一些特点。是的，随着社会的进步，经济的发展，孩子们的生活条件越来越优越了，但是，他们在享受优越条件的

同时，却像极了温室里的花朵，经不起外界的风吹雨打。在这时候，如果不进行适当的挫折教育，就会使他们的性格越来越脆弱，心理承受能力也越来越差。因此，对此问题应该值得引起每一位父母的重视，因为今天的孩子需要受挫折，在不断地锻炼之下他们才能够迎接未来的挑战。

前两天的一个晚上，女儿幼儿园的小伙伴，同时也是我朋友的女儿，一起来我家里玩。她们两个一起画画，我看到那小朋友的画不错，就表扬了一句："小姑娘画的房子真漂亮。"女儿听到后，不高兴地走到另外一个房间，我没理她。这时那个小朋友说要玩具，我就把女儿平时玩的积木给她，后来女儿过来看到了更加不高兴了，又走了，直到客人走了，女儿也没从房间里出来。

后来，女儿莫名其妙地哭了，哭得很伤心，我问她为什么，她说："你说她画得好，我也画得很好啊，但你为什么不表扬我呢？我要做一个不听话的坏孩子。"我愣了，女儿又很委屈地说："你拿玩具给她玩，又不给我拿。"我解释说："因为她是客人，所以妈妈要拿好吃的给她吃，拿玩具给她玩。"女儿委屈地说："可我是女儿，为什么你不拿给我呢？"

人们的生活水平提高了，社会中独生子女所占的比例也越来越大，但对孩子的教育问题却成了父母最头疼的问题，在家庭教育的过程中，出现了一个十分突出的矛盾，那就是孩子的生活和受教育条件越来越好，但孩子们的身心承受能力越来越差。在我们身边，常常有孩子因为受批评而选择离家出走或者自杀，其中的关键原因就是孩子生活太顺利了，缺乏相应的挫折教育。

挫折教育就是指家长有意识地创设一些困境，教孩子独立去对待、去克服，让孩子在困难环境中经受磨炼，摆脱困境，培养出一种迎着困难而上的坚强意志及吃苦耐劳的精神。

1.对孩子，要多肯定与鼓励

当孩子遇到挫折困难的时候，父母应该及时地肯定鼓励孩子，给予孩子安慰和必要的帮助，使孩子不至于感到孤独无助。这时候，父母不要用一些消极否定的语言来评价孩子，如"你真是太笨了，这么简单的事情都做不好"，"做不好就不要再做了"等，这些话会强化孩子的自卑与挫败感，下次在挫折

与困难面前，他就没有信心去面对了。父母可以采用一些积极肯定的评价，给予孩子自信，使孩子意识到自己的努力是受到肯定和赞扬的，没有必要害怕失败，继而逐渐学会承受和应对各种困难与挫折。

2.引导孩子正确对待挫折

小孩子对周围的人和事物的态度往往是不稳定的，他们容易受情绪等因素的影响。因而，他们在遇到困难与挫折的时候，也往往会产生消极情绪，不能正确地来面对挫折。这时候，需要父母及时地告诉孩子“失败并不可怕，只要勇敢向前，一定能做好的”，父母要有意识地让孩子把失败当作一次尝试的机会，引导孩子重新鼓起勇气再次尝试。同时，父母还应该教育孩子勇敢地面对挫折与困难，增强抗挫折的能力。

3.给孩子适当的压力

父母可以把适当的压力交给孩子，让他自己来处理，让孩子适应人生阶段性的挫折，并从挫折中找到解决的办法。如果孩子面临了压力，父母可以帮助孩子进行心理疏导，但决不能大包大揽，让孩子觉得压力是与自己无关的。有的父母对孩子的赏识教育过头了，让孩子觉得自己是世界上最好的，无往不胜的，无法承受批评和失败，这样不能接受批评、不能承受压力的孩子，他们在未来的生活中必定是充满着痛苦的，甚至有可能被压力所吞噬。

4.适当地批评

批评和表扬一样，都伴随着孩子成长的一生。有的父母怕孩子受委屈，即便是孩子做错了事情，也从来不说孩子的不是，这样时间长了，就使孩子养成了只听得进表扬的话，而不能接受批评的不良习惯。其实，父母应该让孩子认识到每个人都是有缺点的，有的缺点可能是自己不知道的，但别人很容易发现，只有当别人在批评自己时，自己才知道错在哪里。这样让孩子明白有了缺点并不可怕，只要勇于改正就是好孩子。

5.挫折教育也需要顺应孩子的个性

任何教育都要考虑到孩子的心理特点以及个性特点，不同的孩子面对挫折教育会反映出不同的心理。所以，父母对孩子所进行的挫折教育也需要因人而异。有的孩子自尊心比较强，爱面子，遇到挫折就很沮丧，对这样的孩子父母不要过多地批评，点到为止即可；有的孩子比较自卑，父母要多安慰少指责，善于发现他们的闪光点。

心理启示

父母要有意识地依据孩子的抗挫能力进行教育，有的孩子能力较强，父母只需要适当地启发，放手让孩子自己去解决问题；有的孩子能力较弱，父母可以帮助制定一定的计划，使孩子不断地看到自己的进步，继而逐渐形成克服困难和挫折的能力。

飞镖效应：理解孩子成长的意愿

飞镖效应给人们的启示是：在与人沟通和合作中，要特别注意讲究方式方法，避免适得其反、事倍功半。特别是青春期的孩子，他们的自我意识逐渐增强，要求独立的愿望日趋增强，父母适宜化堵为疏，避开其逆反心理；同时他们的思维能力也在不断提高，通过进行平等的、良好的沟通，多数可以收到很好的教育结果。

女儿今年13岁了，最近总是喜欢和我顶嘴，明明无理还要争辩。平时让她干什么事情，总喜欢等我发了脾气才会行动。而且，最常挂在她嘴边的一句话就是：“要你管我？”

女儿平时不愿意跟父母交流沟通，处处与父母对立，不是频繁地发脾气、与父母争吵，就是乱扔衣服、不写作业，有时还会逃学、夜不归宿。父母没说两句话，女儿就会摔门而去，或者说：“得了，得了，我什么都懂，一天到晚数落什么，我不需要你们管！”在学校与同学关系也不和睦，说话总是尖酸刻

薄。老师教育她，嘴皮都说破了，她依然不动声色。父母为此都愁死了，不知道该怎么办。

心理学研究认为，进入逆反期的孩子独立活动的愿望变得越来越强烈，他们觉得自己已经不是小孩子了。他们的心理会呈现矛盾的地方：一方面想摆脱父母，自作主张；另一方面又必须依赖家庭。这个时期的孩子，由于缺乏生活经验，不恰当地理解自尊，强烈要求别人把他们看作是成人。

假如这时父母还把他们当成小孩子来看待，对其进行无微不至的关怀，唠叨、啰唆，那孩子就会感到厌烦，感觉自尊心受到了伤害，从而萌发出对立的情绪。假如父母在同伴和异性面前管教他们，其“逆反心理”会更强烈，这时父母要巧妙运用“飞镖效应”。

1.正确“爱”孩子

父母应该意识到，对孩子过分地溺爱，实际上是害了他。父母对孩子应既要爱护又要严格要求，对孩子不合理的要求，不能无原则地迁就。一旦孩子的企图得逞，之后就会习惯由着自己的性子来，到时候父母想管教亦是无能为力。当孩子生气时，父母避免大声斥责。这时可以让孩子做一些能吸引他的事情，稳定其情绪，转移其注意力。等到孩子情绪稳定之后，再耐心地教育他。

2.对孩子采取温暖的方式

父母不能认为孩子是自己的，想打就打，想骂就骂，这好像是很正常的。其实这样的教育方式恰恰错了，效果会适得其反。父母可以换个角度思考，站在孩子的立场，教育孩子，处理突发事件。父母应以情感人，以理服人，毕竟小孩子一时半会想不通，需要留给他们一些思考的时间。

3.冷静面对孩子的逆反心理

通常孩子不太懂得控制自己，当他对父母的管教不服气时，可能会情绪比较激动，可能会冲父母发脾气，可能会有过激的言语和行为，这时父母千万不要跟着孩子一起着急，要想办法控制孩子的情绪，可以先把事情暂时放一放。即便孩子顶嘴，父母即便再生气也要保持冷静，控制住自己的情绪，不能一看到孩子顶嘴就火冒三丈，甚至对孩子拳脚相加。因为这样做不仅无助于问题的

解决，反而会使双方的情绪更加对立，孩子会更加不服气，父母会更生气，这样只会激化矛盾，不利于任何事情的解决。

4.与孩子聊天

当孩子有了逆反的苗头时，要与孩子进行一次亲切的聊天，明确告诉他逆反是一种消极的情绪状态，父母、老师和同学都不喜欢，会影响自己的人际交往。长时间下去，孩子会变得蛮横无理，胡作非为，不利于自己身心和谐正常发展。父母可以告诉孩子：对孩子的逆反，做父母的有多担心和焦虑，让他感受到他的逆反给身边的人造成的感情负担。

5.父母教育方式要保持一致

在面对孩子的教育问题时，父母要保持一致的思想。不能父亲这样说，母亲又那样说；父亲在严厉地教育孩子，母亲却在一边护短。面对孩子的教育问题，父母可以先商量一下策略，口径一致后，再与孩子进行交流。

6.批评孩子有技巧

不讲方法、不分场合地批评孩子，孩子犯了一个错误就把他过去的种种错误全都翻出来，随意地贬低和挖苦孩子，教育孩子时连同他的人格一起作出批判，这些是很多父母的通病，也容易引起孩子的逆反。父母应尽量减少孩子的对立情绪，不能滥用批判，批评孩子前先要弄清事情的原委，分清场合，更不要贬低孩子的人格，批评孩子时要考虑孩子的情绪。而且，好孩子都是夸出来的，对孩子要多些表扬少些责怪，经常想想孩子的长处，关注孩子的点滴进步，寻找孩子身上的闪光点。这样一来，孩子平时受到的表扬和鼓励多了，犯错误时也容易接受父母的批评。

7.尊重孩子的独立要求

有的父母出于对孩子的关心，一心一意想让孩子在自己的庇护下长大成人；而当孩子开始有强烈的独立自主要求后，会对父母强压给的想法和观念十分不满，从而产生逆反，容易与父母产生冲突。对于孩子的合理意见，父母要尊重，不要对孩子发号施令，以免让孩子产生抵触心理，对孩子尽可能地用商量的口吻，如“我认为”“我希望”，以此改善孩子与父母的关系，减少孩子

的逆反心理。

8.倾听孩子的想法

父母要善于营造聆听气氛，让家里时时刻刻都有一种“聆听的气氛”。这样孩子一旦遇到重要事情，就会来找父母商量。父母需要抽出时间陪伴孩子，比如利用共聚晚餐的机会，留心听孩子说话，让孩子觉得自己备受重视。父母需要做的是顾问、朋友，而不是长者；只是细心倾听，协助抉择，而不插手干预，仅仅是提出建议。

心理启示

许多父母经常抱怨孩子越来越不听话了，整天不想回家，不愿意与父母说心里话，做事比较任性。而孩子却说，父母一天到晚唠唠叨叨，规定这不许、那不准，真是讨厌。显然，父母与子女是在对着干。

第十名现象：别太关注孩子的学习

一个班里最有作为的学生，通常不是学习成绩最好的前几名，而是班上处于中游的第十名左右的学生。他们既没有优秀生“想赢怕输”的负担，也没有差生的自卑心理，敢闯敢拼，这就是“第十名现象”。

许多父母都很关心孩子的学习，眼睛总是死死地盯住孩子的学习成绩，每天就像例行公事一样冷冰冰地问候孩子“今天学习怎么样”，“考试了吗，考得怎么样”，望子成凤的迫切让他们忽视了对孩子健康的重视，尤其是孩子的心理健康。当父母都在问候孩子学习情况时，是否有问“你今天过得快乐吗”？即使孩子原本有着愉快的心情，在父母冷冰冰的语调下，以及板着脸的注视下，也会消失得无影无踪。于是，父母抱怨“孩子大越不听话，连父母的话都不听了”，“感觉到孩子与我有了很深的隔膜，也不像以前那样跟我亲近了”，而出现这问题的根源，就是父母的微笑太少了，责备太多了；鼓励太少了，批评太多了。

当孩子想与父母进行有效的沟通，父母却关紧了自己那扇心灵之门，只留给孩子一张面无表情的面孔时，试问，孩子还会与你亲近吗？

妈妈有些望女成凤的迫切心情，平时最关心就是女儿的学习。每天女儿高高兴兴、蹦蹦跳跳地背着书包放学回来时，总是兴高采烈地喊上一句：“爸爸妈妈，我回来了。”在书房里忙活的爸爸应了一声，妈妈则板着脸问：“今天学习怎么样？布置了哪些作业？最近又考试没有？考得怎么样？”在妈妈的连珠炮般的追问下，女儿一张笑脸变成了苦瓜脸，悻悻地提着书包进屋学习去了。时间长了，女儿就有意地避开妈妈，放学回来也不像以前那个兴高采烈地高升呼喊他们了，而是偷偷地溜进自己的房间，有时候甚至把门也锁上。隔着房门，妈妈也是语气冷冽地问：“这次考试怎么样？”只是传来女儿闷闷地一声“嗯”。

离期末考试越来越近，妈妈感觉到了女儿与自己的距离越来越远了，女儿话更少了，总是一种郁郁寡欢的样子，有时候还发现早上她偷偷地抹眼泪。妈妈问她，她也不吭声，妈妈慌了，这女儿是怎么了。

心理学家研究发现，健康性格是感受和创造快乐的很重要方面，注重培养孩子快乐的性格，有利于孩子健康成长。孩子需要父母的微笑、需要父母友好的态度，而不是公事化的语调或者面无表情的一张脸。有时候，当父母在抱怨“孩子开始疏远自己”，这时候很大程度上都是源于父母对待孩子的态度。

1.营造和谐愉快的家庭氛围

有的家庭，气氛比较容易紧张，父母总是板着一张脸，为了一点小事就吵架。心理学家认为，在这样家庭环境中长大的孩子，容易疏远父母，甚至容易出现不良的行为。家庭对于孩子来说是一个温馨的港湾，一个可以嬉笑快乐的地方，愉快的家庭气氛，可是使女儿养成乐观积极向上的性格。同时，增加了父母与孩子之间的亲密度，因为父母那友好的笑脸给予孩子信任与温暖。所

以，父母之间互敬互爱，多对孩子笑笑，家庭气氛充满了欢声笑语，对孩子来说这是非常有必要的。

2.在孩子面前控制自己的情绪

有时候，父母也会因为工作和生活上的一些烦恼而愁眉苦脸，这时候，为了孩子健康成长，需要努力控制自己的情绪，面对孩子露出笑脸，让她感染快乐的情绪，与自己亲近起来。许多父母自己有了烦恼，就会对孩子大吼大叫，冷着一张脸，说话也是冷淡的语调；有的父母在孩子犯了错，控制不住自己的情绪，对孩子施行打骂教育。这样时间长了，孩子就会逐渐远离父母，与父母之间的隔阂越来越深，根本不利于父母与孩子之间的顺利交流。所以，在孩子面前，父母需要努力控制自己的情绪，多给孩子一点微笑，多一些鼓励，这样孩子与你的距离就越来越近。

3.多一些微笑与鼓励，少一些责备与批评

家庭教育是教育的重要部分，家庭教育的方式也成了重中之重。父母对孩子要多一些微笑与鼓励，少一些责备与批评。责备越多，孩子所受到的心灵伤害就越多，他的心对你增加了防御与反抗，父母与孩子之间的距离就会越来越远。

所以，父母要改变自己家庭教育的方式，给孩子多一些微笑与鼓励，少一些责备与批评，做孩子最亲近的知心朋友。这样，在孩子的成长路上，你才能走进孩子的心灵世界，读懂孩子的真实内心。

心理启示

虽然父母是成年人，可能会有许多生活和工作的烦恼，但是在面对孩子的时候，请对孩子多一些微笑，走进孩子的心灵深处，了解他的思想，把你的快乐传递给孩子，缩短与孩子之间的心理距离。

烦恼定律：引导孩子走出成长的“逆境”

孩子的成长是一个前进而又曲折的过程，从孕育到出生到长大成人的过程，是生命体膨胀裂变衍生变化的过程。在这期间孩子身上会伴随不同的年龄段而出现生理和心理的压抑和释放特征。在外界环境压力较大或不适应身心需要的情况下，容易出现成长过程中的“逆境”。对此，父母应该重视孩子成长中的烦恼，给予充分的理解和释放环境，是保证孩子健康成长的重要环节。

孩子正在上一年级，上学快两个月了。她是一个脾气十分暴躁的女孩。她从小记忆力就特别差，注意力不集中，老师总说她上课不听讲。平时在家里，她连自己放的东西在哪里都不记得。

我发现她给自己的压力很大，毛笔字写不好，她就撕掉重写。作业写不好，就一个劲地擦来擦去。别的父母都在为孩子不努力担心，但我这个孩子自尊心太强了，我也着急，总想劝她，又怕她以后不努力。现在我和孩子的爸爸在另外的城市工作，孩子由她外婆带，我非常担心孩子以后的发展。

年龄的增长是孩子成长的标志，而在这个过程中，他们会有许多烦恼。比如在成长的过程中经历着父母的教导，老师的教育，还背负着很重的担子。对许多孩子而言，他们都会讨厌写作业、考试，而这些现象几乎成了孩子们的烦恼。

挫折是当孩子遇到无法克服的困难，不能达到目的时所产生的情绪状态，人的一生可以说是与挫折相伴的。困难和挫折，对于成长中的孩子而言，是一所最好的大学，而如果父母给孩子过分的溺爱和保护，会让孩子缺少参与、实践的机会，缺乏苦难的磨炼和人生的砥砺，孩子的心理承受能力因此十分脆弱，遇到一点点挫折就灰心丧气、自暴自弃，从而失去信心。

对于孩子们来说，他们的逆境多是在学习和生活中受挫，那他们的受挫原因大致有哪些呢？心理学家认为有这样几点：

1.心理承受能力较差

许多中国父母为了帮助孩子创造一个良好的学习氛围，不让孩子吃一点苦，受一点委屈，认为孩子的任务就是学习，其他所有事情都由父母包办。父母将孩子在家庭范围内承受挫折磨炼的机会降到了最低。尽管这样的父母是用心良苦，结果却往往是相反的。因为对孩子的过度关心、过度保护、过度限制，会让孩子缺少磨炼，最后让其形成一种无主见、缺乏独立意识、依赖父母的心理。这样的孩子一旦遇到了逆境就会束手无策，心灰意冷，心理承受能力很低。

2.情感上的困扰

尽管孩子们的情绪情感的深刻性和稳定性在发展，不过依然有外露性，比较冲动，容易狂喜、暴怒，也很容易悲伤和恐惧。对孩子来说，情绪来得快，去得也快，顺利时得意忘形，遇到挫折就垂头丧气。因为理智和意志比较薄弱，且欲望较多，假如家里不能满足其要求，孩子就会产生一些不良的情绪，他们会忍不住发脾气。

3.学习上的烦恼

在中国许多孩子都是独生子女，父母望子成龙心切，对孩子提出很多不符合他们身心发展规律的过高期望，再加上频繁的考试、测验、作业、学业竞争，从而增加了孩子们的心理压力，让孩子们不敢面对失败。沉重的学习负担和强大的思想压力，让孩子的精神非常紧张，长时间处于焦虑不安之中。

4.人际关系方面的困扰

随着孩子的心理发展和自我意识的增强，他们强烈地渴望了解自己与他人的内心世界，所以产生了相互交换情感体验、倾诉内心秘密的需求，他们希望得到别人的理解、尊重、信任。不过有的孩子因为个人特点造成在人际交往上的障碍，自以为是，不能清楚地了解自己的不足，结果让他们在人群中很不受欢迎，这样的孩子容易感到孤独。

心理启示

孩子成长很快，转眼就可以长高、长大了。假如父母不了解孩子，教育方式不对，那亲子双方都会感到痛苦，势必浪费许多精力与时间。心理学家认为，孩子在成长过程中，需要父母陪伴，需要指导，需要呵护。对孩子，父母首先要了解他，才能帮助他。

第08章　交际心理学——让孩子学习有效的社交技能

荀子曰："人之生也，不能无群。"这句话的意思是，一个人需要通过交往、通过建立和谐的人际关系，才能够进入社会生活。而大量研究表明，一个人成年后的人际关系往往与童年时期的人际交往能力有紧密联系。

蚂蚁效应：让孩子在团结合作中成长

蚂蚁是自然界最为团结的动物之一，一只蚂蚁的力量确实是微不足道的，但100万只甚至更多只的蚂蚁组成的军团则可以横扫整片树林或一幢幢高楼，可以将一只狮子或老虎在短短的时间内啃成一堆骨头。"蚂蚁效应"对孩子的启示是：人心齐，泰山移。团结就是力量。

有的孩子在家里习惯以自我为中心，到了学校这样的大集体里，他就会处处不如意，与同学相处不好，游戏、活动、竞赛，他也由于种种原因而不参加。实际上，孩子的交往能力已经受到了阻碍，这时候，父母要教会孩子学会团结，让孩子明白只有团结才能把事情做好，只有团结才能让集体充满温暖与快乐。

班里最近在组织篮球队，个子较矮的儿子成了后卫，天天训练回来都是一脸神采，忍不住在爸爸妈妈面前夸耀班里的篮球队。可是，这两天儿子却愁眉苦脸的，一点精神也没有，"宝贝，你们班的篮球队解散了吗？爸爸还想去看看你们的第一次球赛呢！"爸爸好奇地问道，儿子摇摇头，不过，从表情上看有点伤心难过。

妈妈特意打电话问了老师，原来孩子在训练过程中与中锋队员发生了不

快，这些天儿子正闹着要退出篮球队呢！哦，原来这孩子与同学闹矛盾了，小性子脾气又上来了。

教会孩子学会团结，就是帮助孩子在团队里立足，最关键的是让孩子除了表现自己，还需要有一颗成人之美的心，继而才能和谐处理队员之间的关系。这些都需要父母有意识地去培养，在平时的生活中，父母要给孩子多一些锻炼的空间，让孩子学会体贴别人，学会宽容待人。父母应该让孩子知道每个人都是有自己的个性的，对事情也各有不同的想法，而不是一味地要求别人与自己一样，要让孩子学会欣赏别人、肯定别人。

1.在家庭中渗透团结的意识

家庭也是一个小集体，若父母参加类似家庭的活动，不妨带着孩子也一起参加，不要因为孩子小而拒绝他参与大人的活动。比如，父母在外出游玩或拜访亲友时可以带上孩子，这会让孩子产生一种集体感，体会到与家人在一起的快乐。父母也可以邀请同龄的爸爸妈妈参加类似的家庭聚会，通过参加家庭游戏，让孩子体会到团结的力量。

2.鼓励孩子参加集体活动

在学校有许多课外活动，即使在假期也会有夏令营之类的活动，这时候父母都要积极地鼓励孩子多参加集体活动，让孩子在与同龄孩子的相处中，感受团结的幸福与快乐。如果孩子在相处过程中耍了小脾气，远离了集体，会让他尝到不团结相处的失落感。父母不要太过于担心孩子，也不要制止他与同龄伙伴的来往，如果你一味地要求孩子待在家里，这也让孩子失去了与他人相处的机会。

3.引导孩子与同学和睦相处

在学校每个班级都是一个集体，有时候，孩子会抱怨“某某同学不好相处”，这时候，父母要正面引导孩子，让孩子明白他所处的环境就是一个集体，让孩子学会与同学和睦相处，继而团结同学，增强班级荣誉感。

4.教孩子学会欣赏他人

在班级中，有着许多优秀的同学，孩子也会感到羡慕，甚至是嫉妒，因为

感觉别人的优秀会凸显出自己的缺点。因此，父母既要鼓励孩子勇敢地表现自己，同时，也要教孩子学会欣赏他人的长处，肯定他人的优点。即便孩子与同学有了意见上的分歧，父母也要引导孩子认可每个人的个性是不一样的，自然想法也就是不一样的，学会认可别人的意见与想法，宽容对待所在班级集体的同学。

无论是在家庭的小集体里，还是在学校，或者社会这样的大集体里，父母都应该教会孩子懂得团结，并学会从团结中获得力量。团结是一种巨大的力量，它让孩子们学会处理与同学之间的关系，以友好的态度去拥抱队员，更让孩子懂得如何与人相处。

互惠原理：让孩子在分享中感受幸福

互惠原理认为，我们应该尽量以相同的方式回报他人为我们所做的一切，即受人恩惠就要回报。在日常生活中，许多孩子都有着这样的特点：表现得非常霸道，独占欲很强，喜欢一个人玩，在游戏中经常把许多玩具放在自己的周围，并常常对那些企图玩自己玩具的小朋友说，“这些玩具都是我的！你不能玩！”这样的孩子不会与他人分享，也自然体会不到分享的快乐。

其实，造成这样的情况，大多数都与家庭环境和家庭教育有着极密切的关系。现在绝大多数孩子都是独生子女，因而他们都成了家庭的“中心人物”，父母以孩子为中心，独生子女缺乏与伙伴分享交往等是造成孩子“霸道”、不会分享的根源。但是，只要父母从这些根源出发，对症下药，就能让孩子体会到分享的快乐，继而学会分享。

周末，妈妈带着潇潇去公园玩。孩子出门时带了许多玩具，比如小汽车、奥特曼等，他到公园的空地上把自己的玩具铺开，马上吸引了其他小朋友的眼光。有的小朋友眨巴着眼睛盯着潇潇的玩具，看样子十分想玩，妈妈对孩子说："跟小朋友一起玩，好不好？"潇潇马上抱着自己的玩具，说道："不可以，他们笨手笨脚的，万一把我的玩具弄坏了怎么办？"妈妈沉默了，这时潇潇看到了公园里的一个小朋友独自在玩遥控飞机，潇潇对那小朋友投去了羡慕的眼光。妈妈看见了，对潇潇说："你也想玩吗？"孩子点点头，说："想玩。""那你向那个小朋友借玩具玩一下吧。"妈妈对潇潇说，孩子用疑惑的眼神看了看妈妈，摇了摇头说："他又不认识我，怎么会把玩具借给我玩呢？"

虽然，那些不喜欢分享的"小气"孩子并不少见，而且"小气"也不算是什么大的缺点，但如果一个孩子什么都不愿意与他人分享，独占意识很强，他是很难与别人形成良好的人际关系的，这对于孩子今后的发展也是有着极为不利的影响的。

1.不娇不溺，家人共享

父母不要溺爱孩子，让孩子吃独食，这样娇惯下的孩子是不愿意与他人分享的。有的父母出于对孩子的爱，就把那些好吃的好玩的全让给孩子，即使孩子想着与父母分享，父母也会推辞，让孩子一个人独享。时间长了，强化了孩子的独享意识，孩子就理所当然地把那些好吃的好玩的占为己有。所以，父母不要娇惯和溺爱孩子，也不要以孩子为中心，甚至无限制、无条件地满足孩子的任何需求，而要让孩子们学会感恩，学会把自己喜欢的东西拿出来与家人共享，让孩子体会到分享的快乐。

2.不要对孩子特殊化

在日常的家庭生活中，父母要形成一种"公平"的态度，这对防止孩子滋长"独享"意识有积极的意义。父母要教导孩子既要看到自己也要想到别人，懂得人与人之间相处是建立在平等的基础之上的；让孩子明白好东西应该与大家一起分享，不能只顾自己而不顾别人。

3.让孩子在分享中获得互利

许多孩子之所以不愿意与别人分享，是因为他觉得自己分享了就意味着失去，这时候，父母应该理解孩子这种不愿意失去的心情，慢慢引导，让孩子明白分享并不是失去而是一种互利，分享体现了自己的大度与关怀，自己与别人分享了，别人也会回报自己的大度与关怀，这样就会在分享中获得一种快乐。一旦孩子在分享中获得了互利与快乐，他就会乐于与别人分享自己的东西。

4.鼓励孩子学会与他人分享

父母可以积极创造机会让孩子与其他小朋友一起玩，让孩子在与同龄孩子的游戏中变得大方，教给孩子与人交往的技巧，帮助孩子养成关爱他人、谦让友好的行为习惯。另外，还要鼓励孩子与他人分享，当孩子表现出分享的行为时，父母应该给予及时的鼓励和赞赏，让孩子感受到分享的快乐，让孩子看到来自父母的肯定与认可。

让孩子学会分享，首要任务就是要让孩子体会到分享的快乐，让他在与他人分享中获得幸福感。久而久之，孩子就会主动与他人分享东西，也就养成了喜欢分享的良好的行为习惯。

感恩定律：孩子一生受用的品质

感恩定律，心存感激，让世界充满爱。一位心理医生曾认为，治疗对人际关系有障碍的心理病患，最好的药方就是教会他如何感恩。教育孩子的根本目的是什么呢？是让孩子怀着一颗感恩的心生活，怀着感激的心情去学习，感恩成了他学习的动力，因而他的心里充满了爱和温暖，也使自己成为人见人爱的孩子。

小雯是爸爸妈妈抱养的，养父养母还有一个儿子。小雯是家里的小公主，尽管家庭环境不是特别好，但爸爸妈妈总是尽可能满足她的要求，她在家里可以单独用沐浴露、洗发水，单独吃比较好吃的东西。但是小雯还是无法满足，每天抱怨住的比别人差，吃的没有别人好。

有时爸爸妈妈一生气就对小雯说："那你回去你亲生的爸爸妈妈那里吧。"这时小雯总是霸道地说："我才不要回去那个鬼地方呢，我们家穷得要死。"由于她对爸爸妈妈无止境地索取，不懂感恩的小雯让爸爸妈妈感到十分痛苦和无奈。

如果一个孩子连最起码的感恩都不懂得，你会指望他去爱谁呢？现在的孩子大多数是独生子女，从小就在宠爱中长大，他一个人得到了家人的所有关爱。这时候，如果父母不教导孩子学会感恩，那么时间长了，在孩子心里就会形成这样一种观点：自己接受多少都是应该的。

这样的孩子长大以后，就会表现得缺乏爱心，成为人们唯恐避之不及的人。"感恩教育"的缺失是多方面的，作为家庭教育的施行者，父母也有一定的责任，现在的父母过多地注重孩子的学习，而不注重孩子的心理品质，孩子就会因为纵容而变得越来越任性。

1.对孩子不要事事包办代替

随着孩子年龄的增长，他学会了做很多事情，也可以独立地完成一些事情，这本来是一种很好的习惯。一旦父母对孩子保护太多，干预孩子太多，为孩子打理了一切事务，那么孩子就会渐渐习惯父母的包办代替，甚至认为父母这样做是理所当然的。时间长了，孩子就很难再感谢父母为自己所做的一切了。所以，对孩子，父母不要事事包办代替，不要为孩子打理一切事务，要学会让孩子独立去做一些事情，一方面锻炼他的独立生活能力，另一方面教导孩子学会感恩。

2.不要有求必应，更不要无求先应

面对孩子提出的要求，父母应该首先考虑是否合理，如果是不合理的就

要坚决地拒绝，并告诉孩子哪里不合理，不要对孩子有求必应，而是应该让孩子自己去争取所需要的东西。当孩子通过自己的努力获得所需的时候，他就懂得了珍惜，也明白了自己的生活是幸福的。有的父母给孩子提供很丰富的物质条件，久而久之，孩子会觉得这一切来得太容易了，甚至认为他本来就应该拥有，于是不懂得珍惜。

3.为孩子做好榜样

身教的力量远远大于言教，父母在面对自己的父母时，要表现出尊敬和孝顺，感谢父辈的养育之恩。家里有好吃的要先给老人吃，逢年过节要给老人送礼物，即便老人离得比较远，也要经常打电话。这时候，不仅仅让孩子看到父母对自己有爱，对长辈一样有爱，也经常告诉孩子，要关心和孝顺长辈。孩子虽然还小，但长期的耳濡目染，也会在他那幼小的心灵里撇下感恩的种子。

4.不要太多地谈论自己的苦恼

许多父母常常会在孩子面前说："爸爸妈妈这么辛苦都是为了你啊！"这从表面上看是希望通过诉苦这样的方式来强化父母付出比较多，其实却恰恰相反，这容易给孩子造成心理负担，它暗示了"我付出这么多给你，你要偿还"，这样教育下的孩子只会用"形式对形式"来感恩。所以，父母在向孩子灌输"感恩教育"的时候，要适当地谈论自己的苦恼，而不是过多地谈论，这样就会使"感恩"变了味道。

心理启示

对于正在成长路上的孩子，他需要一颗感恩的心，父母不要让孩子认为什么都是别人应该做的，而要教育孩子理解父母或理解他人，以一种感恩的心态来面对父母，对待他人。这时候，父母就犹如孩子的一面镜子，自身应该在孩子面前做好榜样。

比林定律：别让“不好意思”害了孩子

美国幽默作家比林认为，一生中的麻烦有一半是由于太快说“是”，太慢说“不”造成的。即便连成年人也会抱怨说，平生最怕的事情就是拒绝别人，更何况是孩子呢？他们往往出于面子和怕得罪人的心理，在别人提出一些要求或者请求帮助的时候，即便自己很忙，也勉为其难，那个“不”字难以说出口。

父母告诉孩子要热情善良、大度礼让、乐于助人，这样的教育是正确的。但是，孩子的问题在于，父母只重视了道德教育，却忽略了孩子的社会化教育。社会化教育的缺失让孩子在与人交往时显得心智不成熟。作为一个社会人，我们每一个人都不能脱离社会而独自生活。假如孩子不懂得果断作决定、不懂得巧妙拒绝别人的不合理的要求，如何表达自己的不满情绪，那么，孩子在整个社交活动中只会感觉到疲惫。

我最近一直很担心孩子的社交问题，他一向很听话，从来没让大人着急过，但是，最近我发现了他做事优柔寡断、不懂得拒绝别人，常常搞得他自己很苦恼。前不久，儿子透露说，班里有一个女生给他写了一封信，我和他妈妈都很开明，就对他说：“这件事，你自己得与那个女生沟通，委婉拒绝他。”当时，他答应了，可过了几天，他妈妈再次问他的时候，他却说：“我不知道该怎么拒绝她，万一伤害了她怎么办？”我们建议他想好了话再说，没想到，这事情一拖再拖，这不，那女孩子又写了第二封信了，他很苦恼。但是，我觉得完全是因为他优柔寡断、不懂拒绝的个性，将本来很简单的事情复杂化了。

平日里，我们都教育他要热情善良、大度礼让、乐于助人。但是，没想到他这样的个性在学校过得并不舒坦，他上初中一年多，由于同学的要求，他经常帮同学们借书、买饮料、跑腿、锁自行车、拿衣服……他自己舍不得花的零用花借给同学，同学没再提还的事情，儿子也不好意思要，只能在家生闷气。他每天回来都跟我说：“爸爸，我觉得好忙，好累。”

心理学家认为，一个人遇事反反复复、犹豫不决，总拿不定主意的现象是

意志薄弱的表现，它直接影响着一个人选择能力的形成，而选择能力的强弱又对人的成功与否起着至关重要的作用。在人生中，有的选择会直接影响自己或他人一生的命运，而优柔寡断、犹豫不决正是选择的大敌。

1.不要将孩子禁锢在“听话”的藩篱之内

一直以来，父母的教育方式就是让孩子听话，听话的孩子就是好孩子，无论大事小事，都需要孩子服从。对此，心理专家说：“胆小怯弱的孩子所接受的家庭教育，要么是父母管教比较严苛，要么是父母两人的教育态度不一致，一方太强，一方太弱。父母在设置了一些禁令之后，只会让孩子服从、听话，而不告诉孩子为什么要这样去做，很少倾听孩子的意愿。”

在家里被要求听话的孩子，难免将这种人际交往方式迁移到与他人的交往中，因此，他们总是处在一种人强我弱的位置，对于他人提出的不合理要求，他们也不懂得拒绝。因此，父母不要总是要求孩子做这做那，而应倾听孩子的意愿：“你打算作什么样的决定？”

2.鼓励孩子当断则断

有的孩子遇事犹豫不决，一个重要的原因就是总怕自己考虑不周全。虽然，考虑周全是无可非议的，但追求万事完美，就会错失良机。父母应该让孩子懂得，凡事有七八分把握，就应该下决定了，这样可以锻炼孩子形成果断的性格。

3.教会孩子以商量的方式拒绝

拒绝别人，有时需要和对方磨嘴皮子，一直到对方认可自己。比如，碰到比自己小的孩子想要玩比较危险的游戏，你可以教会孩子这样拒绝：“你太小了，还玩不了这么大的车，太危险了，碰着你会流血的，等你长大了，我再教你玩，好吗？”

4.引导孩子安全地表达自己的不满情绪

在学校，许多同学在家里做惯了“小皇帝”，总是指使身边的同学做这做那，如果孩子不懂巧妙拒绝的话，那就可能要受欺负了。因此，对于那些不合理的要求，父母可以引导孩子安全地表达自己的不满情绪，比如“刚才做了那

么多作业，我已经很累了，不好意思”。

未来，孩子要独立面对纷繁复杂的社会局面，这时，身边经常没有父母可以指导，而自己又拿不定主意，不懂得拒绝人，那可能是要误事吃亏的。因此，做父母的要尽量教会孩子有自己的主见，懂得巧妙拒绝他人，教会孩子学会对自己负责，锻炼他们“拍板”的能力。

海格力斯效应：让孩子学会宽容与爱

心理学家认为，孩子的宽容心是一种十分珍贵的感情，它主要表现为对别人过错的原谅。当然，这种感情对于孩子个性的健康发展，特别是情感的健康发展，以及对于孩子良好人际关系的建立有着十分重要的意义。而那些富于宽容心的孩子往往心地善良，性情温和，而缺乏宽容心的孩子则往往性格古怪，容易走极端，不容易被人亲近。

星期天的下午，孩子在小区里和几个小伙伴一起玩耍。不知道怎么回事，原来玩得好好的她突然满脸埋怨地回来。我一看不对劲，就问：“怎么了？发生什么事情了？”原来是其中一个小朋友给孩子起了一个无伤大雅的绰号，孩子觉得这是在取笑自己，因此生气不愿意跟他们一起玩了。

我觉得孩子这样的心态不好，于是试着跟她说：“妈妈觉得你不应该生气，小朋友给你起的绰号并没有什么恶意，绰号代表一个人的特点，这表示你身上很有特色啊！”听了我的话，孩子好像很不屑，说：“他总是这样，他还给别的小朋友也起过外号呢，我们很讨厌他。而且我们说好了，以后再也不跟他一起玩了。”听了孩子的话，我很吃惊，为什么孩子想到的是别人的不足，

而对别人的优点很少想到呢？

现在的孩子大部分都是独生子女，一旦孩子受了什么委屈，父母就心疼得不得了。有的父母在教育方式上陷入了误区，他们会对孩子说："别人对不起你，你就对不起他，别人打你，你就打他。"这样的教育不但会导致孩子在学校里处理不好与同学之间的关系，而且还会影响到孩子以后人际关系的处理，甚至还会影响到孩子日后的家庭关系。

1.父母注意自身的修养

父母自身具备的品德，通常在孩子身上都可以找到。所以父母要为孩子营造一个良好的家庭环境，父母之间总是争吵，是不容易培养出一个具有宽容心的孩子的。而在平时生活中，父母对他人的关爱、平等、谦虚等处世方式和行为都是对孩子最好的直观而生动的教育，会在潜移默化中培养孩子尊重别人的品格，从而让孩子学会宽容他人。

2.让孩子站在对方的角度思考问题

现实生活中，许多孩子只习惯于从自己的角度思考问题，而不习惯于站在别人的角度思考问题，这时父母就要引导孩子站在对方的角度思考问题。让孩子站在父母的角度，就会理解父母的良苦用心；站在爷爷奶奶的角度，就会理解老人的关爱和唠叨；站在老师的角度，就会理解老师的艰辛；站在同学的角度，就会知道同学都是可爱的。

3.引导孩子发现他人的闪光点

许多孩子往往认为自己比别人聪明而无法宽容地对待同龄小朋友，因此父母应引导孩子善于发现他人的闪光点。引导孩子善于观察，挖掘每个人身上的闪光点，给予机会让每个孩子得到肯定。让孩子对其他人形成较为客观的认识，当他人出现过失行为时能宽容地对待。

4.鼓励孩子多与小伙伴交往

宽容之心是在交往活动中培养起来的，孩子只有与人交往，才会发现每个人都有这样或那样的缺点，都会犯或大或小的错误。当然，只有学会容忍别人的缺点和错误，才能与人正常交往。也只有在社交中，孩子才会体会到宽容的

意义，体验宽容带来的快乐，比如称赞别人的缺点，帮助有困难的小朋友，采纳别人提出的建议等。

5.鼓励孩子接受新事物

宽容不但体现在对人的态度上，也表现在对“物”和“事”的态度上。父母要引导孩子接触许多新生事物，让孩子喜欢并乐意接受新生事物，承受事物所发生的新鲜变化，知变和应变。允许孩子寻找另类处理问题的方式，一旦孩子习惯了接纳新事物，同时具备应变能力，那就表示他对这个世界持有一颗宽容之心。

父母教会孩子学会宽容，不但是为孩子现在可以处理好同学关系，也是为孩子未来的美好幸福打下基础。

拒绝“融合效应”：让孩子学会承担自己的责任

孩子似乎总不愿意融合到人群中，在他们眼里总认为自己是对的，别人是错的。假如自己做错了，他们还会把责任推卸到其他人身上，这就是拒绝“融合”效应。然而，不懂得负责，不懂得责任重要性的孩子永远也长不大。而那些凡事能够作出一番成就的人，都是懂得为自己的过失买单并且敢于承担责任的人。

暑假的时候，家里为孩子报了一个百科知识讲座，有时候我们忙，就建议孩子自己去。但是，孩子从来没单独去过一次，每次我们问起来，孩子总是面不改色心不跳地说：“老师不让我学。”

有一次，孩子和小表妹一起打扫卫生，由于孩子扫地速度快，小表妹速

度较慢。孩子又要打扫客厅的最前面，让站在前面的小表妹让步，小表妹让路的速度慢了一些，孩子就直接用扫帚将其推开，小表妹来向我告状。我找到孩子，问他事情的经过及原因，他说完后，让我大吃一惊，从孩子口中说出的一大段话竟没有一句是承认自己错的，而将错的原因推到了“她自己速度太慢了”，我紧接着问：“难道你就没有做错吗？”看着孩子有些迷茫的眼神，我心里真的很失望：孩子怎么了？他的责任心都到哪里去了？

所以，父母应该努力把孩子培养成一个负责任的人。当孩子们能够主动、自觉地尽职尽责，就可以获得满意的情感体验；相反，当孩子没有责任心，不能尽责的时候，就会产生负疚和不安的情绪。

1.让孩子学会对自己负责

一个人只有懂得尊重自己的感情，尊重自己的理想，珍惜自己的年华和生命的活力，才能从自己的理想出发来安排现实生活。责任心的培养是一个人成熟的标志，父母应该让孩子明白，无论孩子做什么事情，都是为他们自己，如果他们什么也没有做好，没有得到大家对自己的认可，那么，他们就是对自己不负责任，最终，影响的还是他们自己。

比如，孩子的大部分责任是学习，假如学习不够认真，那就是对自己不负责任。此外，父母需要告诉孩子，对自己负责还包括对自己的事情负责，凡是能够自己做的事情都自己去做，包括穿衣、洗脸等，孩子只有从小养成对自己事情负责的良好习惯，才有可能慢慢学会对父母、朋友、老师等有关的人和事负责。

2.引导孩子学会善待他人

关心他人，善待他人，这是培养孩子对家庭和社会的责任心的基础。在日常生活中，引导孩子关心老人、病人和比自己小的孩子；当爷爷奶奶生病的时候，引导孩子学会照顾他们；知道朋友的生日，并在生日那天给朋友送上一份生日礼物。

3.让孩子学会反省

心理学家认为，孩子需要适时反省。当孩子们在分析问题的时候，只会考

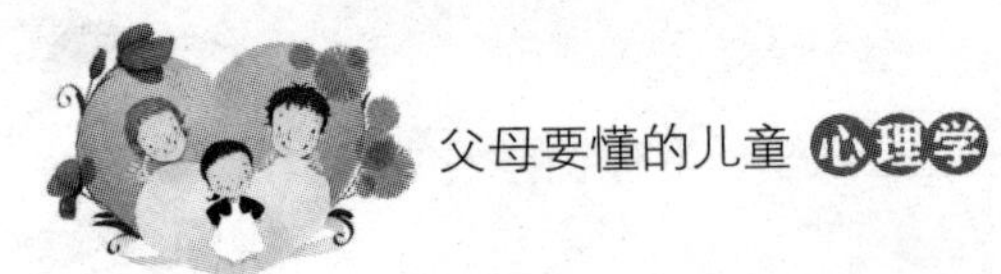

虑到别人的过错，总是为自己找借口，这有可能会导致他们缺乏责任心。遇到了困难不能解决，就把责任推到父母头上去；学习成绩不好，就把责任推到老师头上去，这些都是不良的行为习惯，父母需要告诉孩子：任何一件事情，我们首先应该反省的是自己，分析自己过失、对错，明白自己在这件事中应该负什么样的责任。

心理启示

心理学家认为，责任心是健全人格的基础，是未来能力发展的催化剂，更是孩子们成长所必需的一种营养，它能够帮助孩子成长和独立。懂得自己的责任，学会负责，孩子才有了前进的动力；只有认识到自己的责任，孩子才知道自己应该做什么以及怎么去做。

第09章　气质心理学——遵循特点教育孩子

儿童气质包括许多方面的内容，教育专家认为，气质是孩子对环境刺激作出应答的行为方式。孩子的气质特征与遗传有一定关系，且相对稳定，每个孩子从婴儿时期就有自己的气质表现：有的爱哭、好动、不认生，有的则比较温顺、安静、害羞。实际上，孩子天生的气质需要后天打造，父母要深谙儿童气质心理学。

了解孩子，塑造孩子的独特气质

一般而言，女孩和男孩的表现尽管不同，不过他们的行为本身都并非“不正常”或者“不乖”，孩子的行为是由他本身的气质决定的。气质是孩子的心理行为表现，也就是他在日常生活中对不同情形的行为反应方式，类似于一些父母理解的“性格”“脾气”。当然，气质是与生俱来的，每个孩子都有自己独特的气质，且在其成长过程中慢慢呈现。比如，有的孩子特别喜欢哭，有的孩子生活规律性较差等，这些孩子都表现出了各自的气质特点。

家里两个孩子，女儿小佳喜欢安安静静地躺着，很少哭闹，甚至连打防疫针的时候都不哭，只是睁着大眼睛到处看，别人都说这个孩子“乖”，我这个当妈妈的也觉得省心。不过在她上幼儿园后，话还是很少，不喜欢笑，不爱和其他孩子玩，只是喜欢安静地坐着。

儿子让我非常头疼，他从小就喜欢哭，每次给他喂奶或把尿，他又哭又闹，让我费很大的劲。会走路之后他总喜欢到处乱窜，经常打坏家里的东西。现在刚上幼儿园两个月，就因为上课总调皮、跟小朋友打架而被老师批评了好几次。

心理学家认为，孩子在很长一段时间里不会用语言表达自己的要求和愿

望，因此父母需要通过对孩子的观察来了解其气质类型、性格特点等。比如，孩子哭起来是不是不容易哄？孩子对事物的反应速度怎么样？孩子的注意力能集中多久？孩子对陌生的人和事物有什么样的表现？假如孩子跌倒了、碰伤了会怎么表现？孩子的吃饭和睡眠是否有规律？

在过去，许多父母很少会了解孩子的气质，不过目前的研究已深入到对半岁内的孩子进行气质分类。以前的心理学强调父母对孩子的养育方式会影响孩子的成长，现在则比较注重互动关系中双方的作用，特别是注意到过去长时间忽视的孩子在互动关系中的主体性，在孩子气质中就强调“双向原则”。父母有自己的教育观念和方法，相反，孩子的反应又决定着父母采取的方式。

就好像孩子没有办法挑选自己的父母一样，父母也没有办法挑选自己的孩子，因此不论孩子是胆汁质、抑郁质，还是黏液质，父母都要学会真心地接受他们。而在这个接受的过程中，父母需要了解自己的孩子，包括孩子的身高、体重、胸围、头围等生理特征，包括对其是内向还是外向，是活泼还是文静，是敏感还是迟钝等性格和心理特征的了解。

1.孩子的气质没有好坏之分

任何类型的气质都有积极的一面，同时也有消极的一面。比如胆汁质的孩子，活泼好动，不过却容易发脾气，缺少忍耐力；多血质的孩子活泼、亲切，不过可能轻率、冲动；黏液质的孩子很安静、稳重，不过可能稍微有点迟钝；抑郁质的孩子感情稳定，不过表现得羞怯、孤僻。

2.气质不能决定孩子的未来之路

许多父母对自己孩子的气质感到苦恼，不过心理学家认为，气质并没有好坏之分。不管孩子身上是什么样的气质，都会有积极的一面。父母需要做的就是引导孩子气质的积极一面，促使其慢慢淡化消极的一面。只要引导得当，孩子的气质是可以得到最佳发挥的。

3.孩子的气质在后天是可以改变的

孩子出生之后，就会有明显的气质特征，不过具有典型气质特征的孩子是没有的。大部分的孩子是以基本上属于某种气质为主，而同时又具备其他气质

类型的某些特点。尽管气质具有稳定性，不过在现实生活中，在父母后天的教育下，孩子的气质是可以改变的。父母需要注意的是区别自己孩子属于哪种气质类型，然后有针对性地进行教育引导，以更好地塑造孩子。

实际上气质是没有好坏、优劣之分的，发现自己孩子的独特气质，真心接受孩子的气质，并针对孩子的气质予以相应的照顾，而不在气质上把自己孩子与他人进行盲目攀比，这是父母需要重视的问题。

胆汁质孩子：给予他成长的自由

心理学家认为，从胆汁质的气质特征来看，胆汁质的孩子通常有着较为明确的目标，做什么事情都以目标导向为基础，他们个性独立，不喜欢向人寻求帮助。这样的孩子需要的是较为自由的空间，假如父母总习惯性地对他们加以限制，打击他们脆弱的自尊心，那就会让他们积极主动的天性受到伤害。

小川这个孩子有点叛逆，多变。我感到这个孩子很复杂，一会儿温顺如羊，一会儿暴躁如虎。有一次我带着他去旅游景点，由于我们到得比较早，当时景点的大门紧闭，周围没有一个人，再加上北方的天气，秋天早晚已经很凉了。看着紧闭的大门，顶着瑟瑟的秋风，小川对我说：“妈妈，公园的门不高，这里又没人管，我们不要在这里傻等了，爬进去吧！”我在想，孩子怎么能这样呢?

后来我带着好奇心，上网搜看了相关文章，才发现原来小川是典型的胆汁质类型的孩子。这样的孩子外倾性比较明显，情绪兴奋性高，抑制能力差，反应速度快，精力旺盛，不过不稳重，喜欢挑衅，脾气暴躁。面对这样的孩子，

我该怎么办呢?

同时，心理学家指出，胆汁质的孩子比较有主见，性格直爽，不拘小节，自我控制能力比较强，且有较强的支配力，不希望受他人的支配。他们最大的特点就是性格急躁，遇到事情容易作匆忙的决定。他们好像总是安静不下来，不是坐着乱动，就是四处走动，有时还会做出种种夸张的举动。

1.提醒而不是批评

由于胆汁质的孩子精力比较充沛，积极热情，喜欢说话，同时喜欢惹是生非，因此父母对这样的孩子应当提醒他们遵守纪律，学会控制自己的行为。即便想要对他们进行批评时，也需要注意自己的口气和语言，不要大声训斥，更不能激怒他们。假如父母由于孩子写作业写得很潦草，就大声对他训斥，有可能导致孩子不会好好写作业，反而会将作业本撕了，或是干脆不写作业了。

2.学会理解孩子

孩子需要爱，父母需要学会理解孩子。不过，在面对胆汁质类型孩子时，许多父母却容易失去耐心。实际上，这时父母并没有给孩子足够的爱，不管孩子是属于哪种类型的气质，都需要被爱。假如对孩子的教育离开了这个爱的前提，那根本达不到教育的效果。

3.抑制孩子冲动的情绪，培养其耐性

胆汁质的孩子自制力和感情平衡能力都比较差，父母需要引导孩子磨炼他的耐心，用行为削弱其气质弱点。父母可以告诉孩子：当你作决定之前，可以咨询父母是对是错。当孩子没办法面对一些事情时，父母可以告诉孩子冷静的方法：深呼吸、放松。这样可以让孩子安静下来，从而达到培养耐性的目的。

4.父母要学会控制自己的情绪

父母不要强迫孩子去改变，任何气质类型的孩子都不应该因为父母的喜好而改变自己，强迫式教育对孩子的成长是极为不利的。假如孩子感觉到了强迫，他们会反抗。同时父母要控制好自己的情绪，不要向孩子的暴躁脾气屈服。当然，对孩子也不要语出讽刺，否则只会导致相反的效果。

5.保持安静和谐的家庭氛围

父母对待孩子的态度要平静，不过也要严格，和孩子说话要平和、冷静，切忌高声叫喊，帮助孩子克服不安静和急躁的特点。平时可以让孩子做一些安静的游戏，比如画画、下棋等，培养孩子的耐性和理性思维。假如孩子提出不合理的要求和愿望，父母可以“延迟满足”，培养孩子的耐心和自控力。

6.退一步思考

父母在面对胆汁质孩子发脾气时，不要马上处理，而是需要退一步去思考，孩子为什么要这样去做？孩子怎么会有这样的情绪？父母可以把这件事放到第二天去处理，同时引导孩子回忆自己做错事情的过程，这时不要用责备的语气，可以客观地询问孩子当时发生了什么事情，这样利于帮助孩子跳出那种强烈情绪，理智地看待自己做错的事情。

7.给孩子讲道理，而不是摆架子

胆汁质孩子很容易发脾气，不过他们很讲道理。父母在孩子因为冲动犯错时，不要动不动就对孩子发火，在事情发生之后可以用平静的语速和声调与孩子讲道理。父母这样做，孩子比较容易听话，教育的成效也是比较大的。

8.培养孩子的注意力

通常而言，胆汁质孩子的情绪比较亢奋，很容易分心。在平时生活中，父母不要打扰正在专心致志的孩子；父母若是发现孩子的兴趣，那需要从兴趣上培养孩子的注意力，延长孩子的注意力时间；父母可以选择一个事物凝视，随着视野变小，孩子的意识和精神也就慢慢集中起来，心里也会慢慢地平静。

心理启示

尽管胆汁质孩子的优点是明显的，不过其缺点也是显而易见的。由于他们比其他的孩子表现得更为勇敢，更容易对外界的刺激作出反应，因此在学校里，他们的表现往往更突出一些。但是他们也容易形成“骄傲”“娇气”的性格，做事比较没有耐心，因此容易失败。

多血质孩子：引导他找准自己的位置

很多好动的孩子并非是患了多动症，而是这些孩子的气质属于多血质型，即活泼型。心理学研究表明，人的气质是天生的，孩子一出生，就有了气质上的差异。通常来说，人的气质分为四种类型，多血质就是其中的一种。在平时生活中，多血质的孩子活泼好动，遇事较为敏感，反应比较快，动作敏捷，对人热情，不论是遇到陌生人还是认识的人，都能主动打招呼。他们喜欢说话，总把家里的事情告诉老师和小朋友。

孩子太好动了，几乎没有一刻可以闲下来，幼儿园里其他的孩子都可以老实地坐会儿，我们家的孩子就是不行。

假如我带着孩子和其他朋友在一起聊天，那孩子就不会让我在那里待得太久，一会儿就要走，坐在凳子上也不好好地坐，不是站着就是歪坐着。晚上回家后孩子还在不停地动，看看这个，摸摸那个，即便是喝口水，好要转个方向，脚还在乱踢。平时带着他去游乐园玩时，他也特喜欢翻山越岭、噼里乓啷那种剧烈的运动。这孩子给我的感觉是精力特别旺盛，活泼好动，不过我总是觉得这孩子跟别的孩子不一样，该不会有什么问题吧？难道是多动症？

多血质的孩子大多敏捷好动，热情活泼，善于交际，富有同情心、思想灵活，即便在陌生环境也不会感到拘束，俗称“自来熟”。他们喜欢交朋友，身边朋友很多；上课也不害怕举手发言，语言生动流利；性格随和，容易沟通。不过这种类型的孩子，往往注意力不太集中，容易分散精力，做事浮躁不踏实，虎头蛇尾，害怕吃苦。

对于这样的孩子，父母应该怎么办呢？

1.引导孩子正确地认识自己

多血质孩子身上有另外一些特点，比如情绪不容易稳定，兴趣经常转移等。父母在进行教育时，要注意培养他们做事认真细致、有条理、有始有终；养成做事情有计划、有目标等，避免让孩子产生无事可做的感觉。此外，对孩子要严格要求，该批评就批评，讲道理，孩子改正错误之后要及时给予表扬和

鼓励。父母必要时可引入一些挫折教育，让孩子正确认识自己。

2.保持祥和、愉快的家庭氛围

父母要用亲切关怀的态度对待孩子，多给他们布置任务，用较高的标准要求他们，让他们多做一些富于耐性的工作，多做培养和训练注意力的游戏，并慢慢延长时间。不过需要注意的是，可以先从简单的做起，慢慢改进，逐步复杂，将事情做完，有始有终，每天检查。孩子有了进步就要表扬，予以肯定，同时要求孩子用语言描述所做的过程，这样可以慢慢克服孩子虎头蛇尾、浮躁的特点，慢慢养成有条理的思维模式。

3.培养孩子吃苦的精神

现实生活中，许多孩子智力水平较高，才华横溢，不过假如缺乏意志力，喜欢虚荣、怕吃苦，依然是平平庸庸。对于多血质的孩子，特别要注意培养他们的专一、自我控制能力和锲而不舍的精神，加强他们的责任感、纪律性。同时，引导孩子稳定兴趣，发挥其热情奔放、机敏灵活的品质，要求孩子在学习和生活中不要三心二意，做事要专心和敢于面对困难等。只有这样有利的引导，才会让多血质的孩子养成勇敢、顽强、乐观向上的积极性格。

4.鼓励孩子参加活动

父母可以根据多血质孩子活泼好动的特点，刻意安排一些相对比较文静的游戏或活动，比如弹琴、唱歌、画画、练字、讲故事等，让孩子在游戏和活动中弥补其气质中的不足之处。

心理启示

多血质型的孩子敏捷好动，热情活泼，善于交际，富有同情心，思想灵活，即便在陌生环境也不会感到拘束，性格随和，喜欢交朋友等。这些都是孩子气质特点中好的一方面，对此父母要进行因势利导的教育，发挥孩子的优点，注意培养孩子活泼开朗、朝气蓬勃的良好性格。

黏液质孩子：多给他一些鼓励

黏液质孩子的耐性非常好，不论上什么课，他们都会集中精力十分认真地听，即便旁边有小朋友故意找他们说话，他们也不会搭理。比如在玩积木这类游戏中，即便是积木倒了很多次，他们也会十分有耐心地继续搭，直到把积木搭好为止。因此，在父母和老师的眼中，黏液质的孩子都是属于比较乖巧、听话的孩子。

小艾十分安静、有耐性，她的行动不容易受到周围环境的影响。比如，课间活动的时间到了，全班的小朋友都跑到教室外面去玩，只有她一个人还在教室里写字，她总是不慌不忙认真地写，直到写到自己满意才出去玩。平时在家里看动画片时，其他的孩子都哈哈大笑，她却只是安静地笑。假如妈妈因工作出差到外地，回家时，爸爸总会送她一个大大的拥抱，而小艾只是在一旁安静地看着妈妈。

不过，小艾有一个很大的缺点，那就是做事迟缓。比如，她不仅吃饭慢、穿衣服慢、做功课慢，就连坏情绪消失得也十分慢。假如小艾在幼儿园受了委屈，她的情绪常常是一整天都好不了。对此，妈妈很担心，小艾个性是不是太安静了些。

小艾就是典型的黏液质的孩子，这种气质类型的孩子通常比较安静，也不张扬，情绪波动也不会很大，即便是受到赞扬也只是微微一笑，受到批评也不为自己辩解。在生活中，他们的动作相对比较迟缓，总是循规蹈矩。通常情况下，这种类型的孩子在集体中显得较文静，遵守纪律，比较听话，也从来不会惹事，做事情有毅力，不容易受到周围环境的影响。

1.比较教育法

黏液质的孩子做任何事情都特别认真，不过效率不高。父母需要找到一种办法，既可以保证孩子做事的质量，又能够提高孩子做事的效率。比如孩子午睡后自己穿衣服，这时父母可以悄悄说："宝贝，你看弟弟穿衣服又快又整齐，你穿得一定比他还要好！"听到父母这样说，孩子的动作就会明显加快。

当然，不论孩子最后穿得比弟弟快，还是比弟弟慢，穿好之后，父母都要给予孩子一个鼓励的拥抱，这时孩子就会感到特别幸福。

2.多鼓励

黏液质的孩子不容易受别人的影响，但假如父母能在一旁引导他们，他们的积极性往往就会被激发出来。多给孩子拥抱和亲吻，用鼓励的方式引导孩子提高做事效率。不过父母需要注意的是，这种方式只是激发孩子积极性的一种手段，不要在意最后的结果，也不要给孩子太大的压力，否则这只能成为孩子提高效率的阻力。

3.增强孩子自主意识

父母要有意识地培养孩子良好的个性、增强其自主意识。在生活中，让孩子坚持自己的想法和看法，尽可能发挥孩子个性中的长处。努力为孩子营造安静、自娱自乐的场所，让孩子成为这片天地的小主人。在与孩子玩游戏时，尽可能由孩子来领导父母，可假意向孩子请教、让孩子出主意，唤醒孩子主人翁意识，激发孩子领袖的气质。鼓励孩子做自己喜欢的事情，支持孩子与同龄小朋友玩。

4.给孩子挑战的机会

父母需要经常给孩子挑战自我的机会，故意制造矛盾，让孩子反抗争辩。比如，父母给孩子一个错误的知识，假如孩子盲目执行，就会犯错。这时父母要求孩子重新做，直到孩子生气为止。当孩子生气时，父母可以表扬，且对孩子说："我说的话，你为什么不思考是否可行才去做呢？"

5.鼓励孩子融入陌生环境

父母要鼓励并引导孩子多接受陌生的人和事物，让孩子多参与，便于慢慢改变孩子守旧的特点，鼓励和引导孩子多说话，多描述一件事或一个人，引导他们与外界打交道，刺激孩子的表演欲望，慢慢改变孩子不喜欢说话的性格。同时鼓励孩子多参加集体活动，假如是参加一个新的活动，或者生活有变化则需要提前告诉孩子，让孩子有一个适应新生活的过渡期。

心理启示

黏液质的孩子也有很明显的缺点，他们个性比较沉闷、固执，不喜欢说话，不太关心别人，个性不突出，容易随大溜。对于这样的孩子，父母若是没有教育好，孩子可能发展成为保守、固执、冷漠的人。当然，如果引导得当，他们则会成为稳重踏实、具有管理能力、十分敬业的人。

孤僻孩子：让他成为一个合群的孩子

有的孩子在入学之后，难以适应学校生活，不容易结识朋友，与同龄的伙伴玩耍时心中也会胆怯畏缩，最后他就成了一个不合群的孩子。孩子不合群，性格孤僻，不但脱离周围的小朋友，而且明显地影响孩子的上进心，甚至损害身体健康。

实际上，孩子不合群，跟先天气质有关，同时也因父母的教育所致。有的父母整天把孩子关在家里，让电视机、玩具、游戏机与其为伴，不让孩子出去和其他小朋友接触，担心孩子会吃亏，会沾染坏习惯。时间长了，孩子就成了笼中鸟，成为一个不合群的孩子。

学校放假了，小伟在妈妈的安排下每天写作业，然后就在家里看电视看书。每天妈妈回家都会问小伟："宝贝，今天出去玩了没有？"小伟都会摇头，时间长了，妈妈有些担心这孩子是不是不太合群。

趁着自己休息的时候，妈妈带着小伟下楼来到小区广场，阳光很不错，广场上人也很多，其中有许多与小伟同龄的孩子。在荷花池里，有许多小鱼儿游来游去，孩子们好兴奋，他们趴在护栏上，仔细观察着小鱼儿，有调皮的孩子向池里扔进了一块块石头，层层涟漪随着孩子们欢快的笑声荡漾开去，这一切

看起来很美。接着，孩子们又自发地做起了游戏，妈妈笑着看着他们，回头却发现小伟一个人独自在那玩，无论妈妈怎么劝说，小伟都不和其他小朋友玩，还说：“妈妈，我对他们不熟悉。”妈妈一惊，看来以前少带小伟出来玩了，这些同住在小区里的孩子见得太少了。

虽然，孩子不合群算不上是什么病，却影响他们去适应新环境和学习知识，这样的孩子长大后也很难与人相处，难以适应社会。而那些合群的孩子在语言表达、人际交往方面都会明显优于不合群的孩子。所以，父母应该细心观察孩子的言行，让孩子做一个合群的孩子，这样才有利于孩子的健康成长。

1.为孩子创造良好的家庭环境

孩子不合群主要是来自性格方面的原因，这就需要父母以身作则，为孩子创造一个良好的家庭环境。父母之间和睦相处，表露对孩子的关心，在这样的家庭氛围中，父母要教育孩子、引导孩子与他人平等相处。在整个家庭中，不要以孩子为中心，处处围着孩子转，当然，父母也要尊重孩子，不要随意训斥孩子甚至是打骂孩子，重要的是要让孩子在和睦温馨的家庭氛围中长大。

2.有意识地培养孩子的合作能力

父母可以交给孩子一些一个人难以完成的任务，鼓励孩子与别人一起合作完成，或者与父母一起完成，这样就增加了他与别人交际的机会，让孩子明白一个人的力量是有限的，进而体会到合作的乐趣和力量。

3.让孩子学会交朋友

那些心理健康的孩子都会有自己的朋友，当孩子与其他小朋友交往的时候，父母需要引导孩子如何结交朋友、如何对待朋友。有的孩子喜欢捣乱，经常惹是生非，面对这样的孩子，父母要告诉他：你再这样下去，就没有小朋友会跟你一起玩的，老师也不会喜欢你的。这样帮助孩子改掉坏习惯，使孩子逐渐融入到集体之中。

4.鼓励孩子多参加集体活动

父母应该鼓励孩子多参加一些集体活动，让孩子从小就生活在同龄孩子的群体之中。孩子在与同龄人的相处过程中，他们会彼此教会怎么玩游戏，怎么

相处。而在家里，父母可能会处处让着孩子，可是在群体活动中，就需要平等地相处，这样也有利于帮助孩子克服一些缺点。有的父母害怕孩子在集体活动中被别的小朋友欺负，要求孩子自己玩自己的，不要与其他小朋友来往，这样做表面上似乎是关心孩子，实际上却让孩子失去了锻炼的机会。

心理启示

父母要抽出时间来亲近孩子，每天都花一定的时间跟孩子在一起交谈。周末休息的时候，父母可以带着孩子去公园或亲戚家走走，创造条件让孩子与其他小朋友一起玩耍。如果孩子觉得害怕，父母可以陪着孩子们一起做游戏，等他们之间熟悉之后就可以自己玩耍。玩耍之后，父母可以给予孩子适当的赞扬，让孩子在玩耍中感受到小朋友的友爱。

下篇
家教心理学

父母是孩子的第一任老师，也是最重要的一位老师。作为父母，理应担负起教育孩子的重要责任。父母的素质、教育方式将关系到孩子的素质、成长和未来。所以，掌握家教心理学，对父母而言是相当重要的。

第10章 赏识教育——用欣赏的眼光看孩子

赏识教育，并非简单的表扬和鼓励，而是赏识其行为。不管是哪个孩子，只要我们耐心寻找，就一定能发现他的优点；即便他做错了事情，我们也可以从中找到闪光点。父母需要传递给孩子浓浓的爱，从而达到家庭教育的目的。

赏识动机：尊重孩子的个性

赏识教育十分重要，孩子永远在等待父母的赏识。不过，赏识教育并不只是表扬和鼓励，父母需要做的是赏识孩子的行为结果，以强化孩子的行为；父母更要赏识的是孩子的行为过程，以激发孩子的兴趣和动机。

对此，父母在赏识教育过程中，需要创造环境，以指明孩子发展方向，适当提醒，增强孩子的心理体验，从而纠正孩子的一些不良行为。父母对孩子的点滴进步能否给予充分的肯定与热情的鼓励，不但是一个方法的问题，更是一个教育观念的问题。

赏识教育对孩子有很大的好处：

1.让孩子懂得自尊自爱

孩子的攻击性行为往往是在受到指责和冷遇后得不到应有的尊重和信任，从而产生的逆反心理。实际上每个孩子在成长过程中都会出现一些问题，只是有些父母比较开明，他们相信孩子是好的，相信孩子是聪明的，同时不断地鼓励孩子，从来不嘲讽孩子。于是，他们在赏识教育中，让孩子感受到尊重，在保护孩子自尊心的基础上指出不足之处，给孩子留了面子，同时还让孩子自己去发现不足之处，学会了自爱，让孩子知道要得到别人的尊重，第一就是要学

会尊重别人，减少了孩子本身的攻击性行为。

2.帮助孩子克服自卑，增强其自信心

在孩子童年时期，他们的自我意识的产生主要是通过教师和成人对他的评价。从某种程度上说，孩子的自信是父母和老师树立的，特别是当孩子赢得了成功或在原有基础上有了进步的时候，要及时肯定和强化，孩子就会有一种感觉：我很行！这就是孩子的自信心，一旦他们拥有了自信，就会愿意接受其他的任何挑战。

3.帮助孩子找到他们的潜力

每个孩子的聪明才智和先天禀赋不一样，以至于几乎在完全相同的条件下，有的孩子在一方面会有突出的天分，有的孩子在另外方面有惊人的成就。比如，有的孩子对美好事物的感悟力超强，有的孩子有着强烈的好奇心，什么事情都想要弄个明白。作为父母，需要尊重孩子的个体差异，对孩子们的要求不能整齐划一，需要因材施教。

如何赏识孩子呢？

尽管许多父母都意识到了对孩子进行赏识教育的重要性，不过，有些父母并没有理解赏识的真正内涵。盲目赏识不但不能让孩子从中受益，反而会给孩子的健康成长带来很大的问题。

赏识是父母发自内心对孩子的欣赏，这种欣赏不但可以通过夸奖的语言表达出来，也可以在不经意间，通过表情、肢体动作流露出来。当然，这些微妙的信息，孩子都是可以感受到的。因此，真正的赏识教育，父母需要从自己内心出发，由内而外地赏识，这样才能真正发挥赏识教育的作用。

1.发现孩子的“闪光点”

每个孩子都是独一无二的，在他们身上肯定有一些与众不同的地方。对此，父母需要有一双善于发现的眼睛，发现孩子的“闪光点”并及时肯定和强化，让孩子的优点在父母的欣赏和赞美声中发扬光大。

2.打破“理想孩子”的想法

就好像我们每个人都有一个“理想的自己”一样，基本上所有的父母心

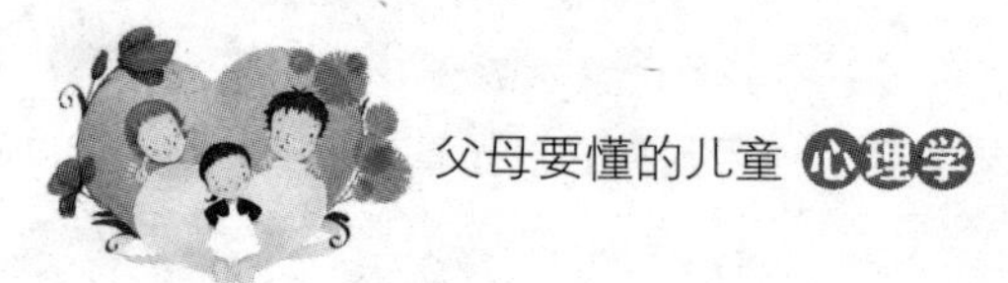

中都有一个“理想的孩子”的形象。不过，在平时生活中，有的孩子可能并不是父母理想中的样子。因此，真正的赏识教育需要父母不要用头脑中的“理想孩子”作为尺子去衡量孩子，而是应该尊重孩子，从实际出发，尊重孩子的个性。

3.赏识孩子的努力

每个孩子的智力水平相差并不会太大，只不过有的孩子在其中某方面比较擅长一些，有的孩子在另外一方面更擅长一些，而那些先天的因素并不是孩子自己可以把握的。而且，一个孩子最终是否发展得好，关键在于孩子的努力，因此，父母需要赏识孩子的努力和进步，而不是先天的聪明才智。

4.及时赏识孩子的进步

当孩子做得好的时候，父母不要泛泛夸奖，最好是能够发现孩子这一次比上一次好在哪里，这样才能激发出孩子的动力和热情，争取下一次做得更好。而且，赏识孩子要趁热打铁，及时鼓励，以免孩子没有得到及时的鼓励而感到失望，这样就会削弱赏识教育的效果。

5.巧借他人之口赏识孩子

别人的评价是孩子确立自信的一个外在标准，有时候孩子希望得到父母之外的人的赏识。因此，在对孩子的教育过程中，父母可以巧借别人之口夸奖孩子，确立孩子的自我意向，比如，父母可以说：王叔叔觉得你很有礼貌。

6.从孩子犯错中发现其优点

孩子犯错是免不了的，他们都是在不断地犯错、纠错的过程中长大的。因此，关键问题不在于孩子是否犯错，而在于父母采取什么样的态度让孩子意识到自己的错误并加以改正。父母要善于在孩子的错误中发现其优点，用赏识的眼光去看待孩子的错误，这比严厉的批评更有作用。比如，当孩子犯错之后勇于承担责任的时候，父母要记得称赞孩子。

赏识是一种理解，更是一种激励。赏识教育，其实是在承认差异、尊重差异的基础上产生的一种有效的教育方法，这是帮助孩子获得自我价值感、自信的动力基础，更是孩子积极向上、走向成功的捷径。只要父母可以真正地理解孩子，尊重孩子，赏识孩子，那孩子一定会健康积极地成长。

赏识眼光：唤醒孩子内心的自信

当孩子还很小的时候，父母呵护备至，担心孩子会受到一点点伤害，几乎凡事都是按照孩子的想法来做。但是，随着孩子长大了，懂事了，父母却发现孩子开始出现了问题，出现毛病了，总觉得孩子和自己想象的差很远。这时父母便开始按照自己的意愿来要求，来刻画自己孩子的模型，看孩子哪里都是挑剔的眼光，不是这个不行，就是那个不行，父母总会说孩子存在的各种问题。在他们的口中，似乎孩子没有优点，只有缺点，如果父母们总是用挑剔的眼光看孩子，那么对孩子的成长是很有害的。

芳芳上小学三年级，妈妈总是说她这也没做好，那也做不好。她已经习惯妈妈的唠叨了，只要爸妈不说她，她就几乎不想做作业了，因为长时间的挑剔要求让她已经习以为常。芳芳妈妈在别人面前也说她，这也做不好，那也做不好，还说她不听话，她看着好像没什么，不过心里还是感觉不舒服。

尽管孩子年龄比较小，对父母的举动没有太大的反应，但等孩子长大了，到了上初中的时候，孩子的叛逆就来了。所以，父母不能用挑剔的眼光去看待自己的孩子，每个孩子都有自己独立的想法，有自己的心理反应，假如父母不顾孩子的自尊心，一味地挑剔，就会让孩子在打击声中越来越自卑。

许多父母的挑剔是多方面的：

1.过高的要求

许多父母为孩子制定了过高的要求，比如学习成绩优秀、生活习惯要好、各种活动和培训班要参加等等，凡事都要按照父母设定的要求去做，孩子自己没有控制权。有的父母对自己的孩子要求很高，孩子不能犯一丁点错误，一旦出错就是责骂和打击，在这样环境下成长的孩子容易自卑，做事情不能放开做，想问题没主见，做事情不独立。这样的孩子长大后，思维比较狭窄，考虑问题不全面，没有创新意识。而这都是小时候造成的，因为父母没有给孩子思考问题的机会，没有给孩子创新的机会。

2.过于挑剔

父母对自己的孩子太过于挑剔，只要挑出来一个毛病，就会加倍挑出其他的毛病。对待孩子身上的毛病，父母需要一分为二地去看待，毕竟孩子很小，毛病肯定会有，没有毛病存在的孩子几乎不存在。有的父母因为自己孩子学习成绩不好，就觉得他什么都不好；看到小孩子出现小问题，就用放大镜去看，以偏概全，结果孩子就在挑剔的眼光中自卑而委屈地成长。

据说，有一次几十个中国的和外国的孩子一起进行了某项测试，测试后的分数让孩子分别拿回家给各自的父母看。结果，外国80%的父母对自己的孩子表示满意，而中国的父母看了孩子的成绩后，有80%表示不满意。实际上外国孩子的成绩还不如中国孩子，这是为什么呢？中国的父母总习惯用挑剔的眼光来看待孩子，而外国父母则习惯用欣赏的眼光看待自己的孩子。许多父母望子成龙的心态太过急切，他们好像容忍不了孩子暂时的落后与普通的成绩，往往把自己急躁的情绪撒在孩子身上，对孩子呵斥、打骂，然而这样做的结果往往是适得其反。

父母要如何调整自己的眼光呢？

1.用发展的眼光看待孩子

父母应该用发展的眼光看待孩子，允许孩子犯各种错误，不过父母要及时帮助孩子改正，不要等过后自己想起孩子以前所犯过的错误，现在自己有时间

了就开始教育孩子，这其实就是违背了教育的及时性。这时候，不管父母怎么样说，孩子也不会听的。

2.等待孩子慢慢成长

父母要学会等待孩子的成长，孩子毕竟还很小，他的想法不可能跟大人一样，父母要允许孩子有自己的想法和做法，孩子或许达不到父母所设定的理想层次。等孩子长大了，见识多了，他就会慢慢地纠正以往那些不足的地方。

3.了解孩子的想法

父母要学会和孩子共同探讨一些问题，从而了解孩子的想法，引导孩子的思维，同时激发孩子对知识的渴望，允许孩子说出一些稀奇古怪的想法，让他自己去找资料来验证，或者父母给孩子提供资料。

心理启示

即便孩子现在的表现还不能让你满意，也不要太过于着急，而要用欣赏的眼光看待孩子，发现孩子的优点和长处。当然，欣赏孩子并不是一味地鼓励或赞扬，而是要真正认识到孩子的才能和所做事情的价值，给予充分的重视和赞扬，支持孩子朝着他自己所喜欢、所擅长的方向发展，让孩子最终获得精彩的人生。

赏识误区：别挑剔孩子的进步

父母经常犯的错误是好高骛远，一方面认为自己的孩子是最好的，一方面因为孩子达不到自己设定的标准而感到失望。他们总希望孩子表现优秀，有最好的前途，所以比较难以容忍孩子在某些方面尤其是学习上不及同龄的人，认为这是孩子的失败。父母经常犯的错误，就是拿优秀的孩子与自己的孩子比

较：大家都一起学习，别人能学好，为什么你学不好？肯定是你不肯用功。实际上，对于那些学习基础比较薄弱的孩子而言，这样的错误做法正是父母需要避免的，因为这样的错误对孩子自信心的打击最大，而对于提高孩子的成绩是毫无作用的。

毫无疑问，做父母的，没有谁不爱自己的孩子，常常拿别人家的孩子与自己的孩子相比，也是出于好心，希望孩子能以他人为榜样，学习别人的优点，为父母争气。不过，父母有时候就是好心做坏事，爱孩子，就不要拿自己的孩子与他人做比较。拿自己的孩子与别人的孩子相比，希望自己的孩子能像大人物小时候那样聪明，用心是很好的，不过往往会因为对孩子有太高的要求，而达不到教育的效果，甚至会引起反作用。

小白和松子是表兄弟，两人常常一起玩，学校一放假，松子就会到姨妈家里玩。这天姨妈和松子聊起了考试成绩，松子自豪地告诉姨妈，自己的各科成绩都是满分，姨妈夸奖说："你真是好孩子，学习总是那么好，咦，我还没有看见小白的成绩单，小白，你来一下。"其实，小白早已经在楼梯上听到了妈妈和表哥的谈话，听到妈妈在叫他，不情愿地走过来，妈妈问："小白，这次考试考得怎么样？成绩单在哪里？"小白回答说："在房间里。"

看着小白无精打采的样子，妈妈有些生气了，问："是不是又考得不好？去把成绩单拿来，我要看一看。"成绩单拿来了，没有一科是满分，妈妈忍不住大声呵斥："你的成绩为什么总那么糟？松子总是得到好成绩，你为什么不能像他一样，你的学习环境哪一点比他差？你就是太懒，总是注意力不集中，不专心听讲，回房间里去好好想一想，再来跟我谈，我不想看你那个样子。"尽管已经不是第一次在松子面前受训了，但小白还是感觉自己下不了台，只好含着眼泪回到了房间。

父母常常拿自己的孩子与别人作比较，对孩子造成的影响是很严重的，那些常被父母作比较的孩子，通常会有一些负面情绪，诸如不开心、没有安全

感、愤怒和嫉妒等，也就是情绪受到困扰。那些被父母作比较的孩子觉得自己得不到父母的注意，因为父母似乎喜欢别的孩子多一些，因此孩子会有一些吸引父母的行为，不过有些行为通常都是父母不喜欢见到的，这就是一种恶性循环。

1.看到自己孩子的优点

许多父母对于孩子的缺点数落不完，一旦被问到孩子的优点，却显得支支吾吾，半天说不上几个来。其实，这就是因为很多父母只看到了孩子的缺点，而没有看到孩子的优点。即便是孩子有了一个优点，父母也会横向比较，觉得孩子比更优秀的孩子还是有差距，这样一种心理会促使过高的期望值模糊了父母的眼睛。所以，父母应该看到孩子的优点，只要孩子显露出了一个优点，那就是值得赞赏的地方。

2.孩子细小的一步，也是值得称赞的一大步

父母要善于发现孩子每天的一点进步，可能他今天变得有礼貌，他懂得了尊重他人，他开始学会关心妈妈了，等等，这些点点滴滴的进步看起来微不足道，却是孩子作出的努力，所以值得每一位关心孩子成长的父母进行大力的赞赏。

3.降低自己的期望值

父母要改变观念，好孩子的标准是既要学习好，又要身心健康，人格健全。父母要降低自己的期望值，鼓励孩子的点滴成就，平等地与孩子进行沟通，尽可能地避免自己使用刺激性的语言来对孩子造成伤害。

心理启示

父母最好的办法是不要拿自己的孩子与别的孩子比较，而是关注自己孩子每一个微小的进步，毕竟，每个孩子有每个孩子的特点。假如父母只和高的攀比，看不到自己孩子的长处，而只看到孩子的短处，这很容易让自己的教育收

不到应有的效果，甚至是失败。

赏识艺术：支持孩子的兴趣爱好

人们经常说："兴趣是成功的第一任老师。"所有的成功都是从最初的兴趣开始的，兴趣是一切行为最初的出发点和原动力，是一切成功的最初条件。孩子经常会向家长提出各种各样的问题。这时，家长应该努力激发孩子的兴趣，不要急于将自己知道的知识告诉孩子，应该让孩子自己找出答案。如果随着知识的增加，孩子失去了当初的好奇心和兴趣，就应该不断想办法让孩子不要仅仅满足于已经学会的知识，要向更深的知识领域进军。

父母在孩子刚开始学习的时候，就要不断向孩子灌输学习是一件甜蜜而快乐的事情这种观念，这样孩子从小就会对学习产生一种兴趣。孩子如果在学习上不断取得成功，就会产生更浓厚的兴趣，会无意识地激励自己不断地学习。

小孩子对一切都感到非常好奇，他们认为一切都是非常有吸引力的，这时候，他们会想尽办法进行研究，但是自己的智力又达不到，所以他们的好奇心会让他们不断学习。

卡尔·维特是一个天才，他八九岁的时候就能自如运用德语、意大利语、拉丁语、英语和希腊语，通晓动物学、植物学、化学，并尤其擅长数学。小卡尔·维特之所以这样全能并不是因为他是一个只知道学习的"书呆子"，而是因为他在学习中感到了快乐。

小卡尔·维特也像普通的孩子一样，也有自己的喜好和小性子，比如，他在刚开始学习数学的时候，非常讨厌背诵乘法口诀，但是后来他却非常擅长数学，这之间的转变正是源于他的父亲兼老师老卡尔·维特的教育法。老卡尔·维特非常注意培养孩子的兴趣，为了使小维特对数学感兴趣，他从一位学者那里得到经验，通过掷骰子、数豆子、商店买卖等游戏勾起孩子的学习兴

趣。老卡尔·维特经常富有创造性地把静态的知识融入生活中，使知识立体，从而逐渐培养起小卡尔·维特对学习的兴趣。

要想让孩子长大以后有所作为，就应该注意培养孩子的兴趣，兴趣是一切行动的原动力和起始点。孩子首先会对某些事情感到好奇，然后才会产生兴趣。每个人都有好奇心，孩子的知识有限，他们对很多事情都不了解，因为好奇，所以才希望探索，一旦失去了好奇心，就会失去探索的动力，甚至会止步不前。

要想使孩子在某一领域有所建树，重要的是不断地培养孩子的兴趣。兴趣是成功的第一任老师，也是成功的起点。一切兴趣皆是由好奇心使然。只有在孩子很小的时候就注意激发孩子的好奇心，并鼓励他们不断地继续研究下去，才能使孩子走向成功。

1.让孩子保持浓厚的好奇心

父母应该让孩子保持浓厚的好奇心，引导孩子采取实际行动去接近那些美好的事物，为其揭开神秘的面纱，比如，游戏这么好玩，它是如何设计出来的？我们需要去解决这些疑问，就会进一步地钻研，翻阅计算机书籍或者百科全书，这样就产生了兴趣的开端。

2.让孩子保持兴趣的稳定性

我们要给孩子培养一份兴趣，就要让他们不间断地去熟悉它，逐渐地让它成为孩子生活的一部分，每天都接触到它，时间久了自然会“上瘾”，比如喜欢打篮球的男孩子，一天不打就觉得全身没劲，那是因为篮球已经成了他们生活中的兴趣。

3.需要将兴趣延伸，使之成为孩子的特长与技能

如果孩子整天都玩电脑，但只是随便地消磨时间，并没有将自己对计算机的兴趣延伸，那么这样重复下去，他将对计算机失去兴趣。当孩子在对某件事物感兴趣的时候，需要有一个深入的方向，将孩子的兴趣延伸，一层一层地向前“翻阅”，让孩子在兴趣中收获快乐。

4.让孩子认识一些志同道合的朋友

父母可以引导孩子结交一些“志趣相投”的朋友。比如孩子喜欢文学，那就选择几位文学爱好者。这是因为孩子即使对某样事物有着极大的兴趣，也总会有停滞的时候，这时候，如果有几个朋友在旁边加油鼓劲，会让孩子对兴趣事物越发专注。

心理启示

随着年龄的增长，孩子的智力也不断增长，这时，孩子的好奇心就会逐渐地减弱甚至消失，以至于对一切都习以为常。明智的父母会鼓励孩子对自己感兴趣的东西进行研究，随着时光的流逝，孩子的兴趣就会不断地增长。

赏识方式：用尊重成就孩子的一生

父母应该重视孩子在这方面的教育，这毕竟是影响孩子一生的美德。只有尊重别人的人，才会在某些方面变得更有机会。他们在与伙伴朋友的相处中，会变得更有人缘；在学习上，更容易得到同学和老师的帮助；在工作中，更容易得到老板的器重；在事业上，更容易得到同事的帮助和支持，只有这样的人才会在事业上更容易取得成功。

小安是一个只有3岁的小孩子，由于家里就他一个孩子，所以他的父母都非常疼爱他。小安觉得父母对他言听计从是应该的，因为父母就他一个孩子，所以就应该非常乐意地为他服务。父亲发现孩子有这样的心理后，变得非常担忧，他觉得孩子其他方面都还好，就是不懂得尊重别人，现在就这样对待父母，那以后的结果真是很令人担忧，于是他就想用种方法将这个问题解决。

有一次，小安要喝牛奶，他对着正在做家务的母亲喊道：“给我拿瓶牛奶。”母亲刚想去做，小安的父亲将她拦住了，他向她使了个眼色，他觉得这

就是解决问题的突破口。母亲于是又重新去做她正在做的家务。小安见母亲迟迟不来，就冲着父亲的方向喊道："我要喝牛奶。"父亲也不吱声。小安感觉很不解，就过来问父亲："为什么你们都不给我拿牛奶？""孩子，你已经快上幼儿园了，这说明你已经是个大人了。既然是大人，那就应该用大人的办法解决大人的问题。你让我们帮你拿牛奶，那为什么不知道称呼我们呢，这样我们怎么会知道你是在请谁帮忙？请人帮忙是一件麻烦别人的事情，尤其是别人在做着其他事情的时候，更是如此。所以你请人帮忙就不应该这样理直气壮，你应该知道如果你的态度不诚恳，别人是不会帮你的。"小安若有所思地想了想，然后觉得父亲说的有道理。"那我应该怎么说，才是正确的呢？"小安问道。"应该像这样，妈妈，帮我拿瓶牛奶可以吗？"父亲说道。小安于是就对父亲说道："爸爸，帮我拿瓶牛奶可以吗？"父亲很高兴地给小安拿了牛奶。

小安在父亲的教育下，终于学会了什么才是真正的尊重人。

孩子是需要从小培养的，孩子的年龄小，这样他们接受的教育就很容易影响他们。现代社会独生子女越来越多，有些父母不注意培养孩子的道德品行，那么孩子在长大以后就依然不会尊重别人，而且随着年龄增长形成习惯，很难再改。这个时候所有的一切已经定型了，就算是想有所改变也是不可能的了。

身为父母的人，都应该注意培养孩子在这方面的教育，不要以为孩子还小，这些教育不适合孩子的成长，大量的事实证明，这一想法是错误的。如果在孩子很小的时候就忽视了这方面的教育，那么以后弥补所要付出的代价，就会更多。一个不会尊重别人的人永远不会得到别人的尊重。尊重别人表现在生活中就是，对别人一定要有适当的称谓，这是尊重别人的最起码的常识。

请别人帮忙的时候，不要用"理所应当"的语气，要知道是你在麻烦别人，不是别人在麻烦你，所以语气一定要谦恭有礼，不然别人是不会帮助你的。对待别人的时候一定要客气、和气。如果别人有求于你，你就应该想想自己是否能做到，如果可以做到，那就尽全力地帮助别人；如果的确超出了自己的能力范围，那就应该坦言相告，如实地说出自己的难处，这样别人也不会怪罪你的。

这种教育方式值得所有父母学习，只有从小就关注孩子在道德方面的教育，孩子长大以后才会成为一个对社会有用的人，只有这样，孩子才能不断地走向成功。

心理启示

懂得尊重，是要从小学起的，只有尊重别人的人，才能得到别人的尊重。犹太父母在孩子很小的时候就注意培养孩子尊重别人的习惯，让他们知道，只有尊重别人的人，才会赢得别人的尊重，也才能因此迎来成功的机会。

第11章　逆商教育——适当的挫折利于孩子成长

逆商是孩子成功的推动力。逆商，也就是逆境商数，有时候也称为挫折商或逆境商。逆商是指孩子面对挫折、摆脱困境和超越困难的能力。逆商并不只是衡量孩子超越学习挫折的能力，同时，它还衡量其超越任何挫折的能力，诸如生活、命运。

逆商定律：人生不可能一帆风顺

任何人的人生道路都不可能是一帆风顺的，都会有环境不好、遭遇坎坷、工作辛苦、事业失意的时候，这时候千万不要放弃，因为人生没有失败，只有放弃。犹太人认为，从我们每个人出生的那一天起，就注定了背负经历各种困难折磨的命运，既然是前生注定，今生的苦乐就是难以避免的。假如做生意顺利一点，那可以赚取很多的钱；一旦运气不好，日子就有可能过得艰苦一些，若是你不够坚强，那当逆境来临的时候，就会匆匆结束这次旅行。假如我们足够坚强，那逆境又算得了什么呢?

逆境是一种人生挑战，在压力的促使下，人们能够充分发挥自己的能力，从而发现自己的潜能，肯定自身的价值。而一些人好像就是为逆境而生的，顺境的时候，他好像就提不起精神来；若是一旦遇上逆境，有了压力，则会精神百倍，像变了一个人似的，与逆境抗争着。

约瑟夫·荷西哈从贫民窟里走出来，贫穷苦难的童年让约瑟夫尝尽了生活的心酸，不过他相信，自己只有经历了苦难，才能赢得成功。

就在约瑟夫八岁的时候，他家遭遇了一场大火，从此他就变成了一个小乞丐，兄弟姐妹陆续被人家领养。小约瑟夫也将要被一对老夫妻领养，这时小

约瑟夫大叫："我决不离开妈妈，我不能丢下妈妈不管。"他跟着妈妈去了纽约这个大城市，那里的新鲜事物让约瑟夫感到世间的美好；但是小约瑟夫还没看够这个世界，妈妈就带着他去了纽约布鲁克林区肮脏的贫民窟。苦难没有停止，妈妈不幸被烧伤，而且被送进医院乱哄哄的大病房。因为没有钱，妈妈住不了高级的病房，约瑟夫在心中暗暗发誓：以后决不再受金钱的奴役。

为了赚钱，约瑟夫努力找工作，他来到纽约证券交易市场看、听，当他知道这里可以一夜之间变成富翁，约瑟夫感觉身体里的血液在沸腾，自己一定要在这里闯出一片天地。几年之后，终于有一家留声机公司愿意留下他，在经历了无数的磨难之后，约瑟夫成了一个出色的股票经理人。

1971年，17岁的约瑟夫不再受人雇用，他用手上的225美元开始了自己的事业。刚开始的时候，一切都还比较顺利，他赚到了16.8万美元。但是，约瑟夫因为战争结束而暴跌的钢铁公司的股票，瞬间变得只剩下4000美元的财产。这时约瑟夫明白了，这个世界没有永远的财富，只有依靠智慧，随时保持着忧患意识，才能让自己赢得成功。

最后，当初从贫民窟里走出来的约瑟夫凭着对股票生意的天赋变成了股票业的巨头。

逆境或许是社会的一种选择机制，看你能否经受逆境的考验，能够通过考验的人会脱颖而出，从而赢得人生的成功。所以，逆境可以说是我们人生的一个分水岭，有的人会被逆境打倒，变得颓废消沉；而有的人从逆境中崛起，努力拼搏，那么他的人生和事业就会进入一个全新的境界。

对于孩子们来说，他们的逆境则是在学习和生活中受挫，那他们的受挫原因大致有哪些呢，有这样几点：

1.心理承受能力较差

许多中国父母为了帮助孩子创造一个良好的学习氛围，不让孩子吃一点苦，受一点委屈，认为孩子的任务就是学习，那其他所有事情都由父母包办。父母将孩子在家庭范围内承受挫折磨炼的机会降低到了最低。尽管这样的父母是用心良苦，不过结果却是往往相反的。因为对孩子的过度关心、过度保护、

过度限制，让孩子缺少磨炼，最后让其形成一种无主见、缺乏独立意识、依赖父母的心理。一旦这样的孩子遇到了逆境就会束手无策，心灰意疼，心理承受能力很低。

2.情感上的困扰

孩子们的情绪情感的深刻性和稳定性尽管在发展，不过依然有外露性，比较冲动，容易狂喜、暴怒，也很容易悲伤和恐惧。对孩子来说，情绪来得快，去得也快，顺利时得意忘形，遇到挫折就垂头丧气。因为理智和意志比较薄弱，不过欲望较多，假如家里不能满足其要求，孩子就会产生一些不良的情绪，他们会忍不住发脾气。

3.学习上的烦恼

在中国许多孩子都是独生子女，父母们望子成龙心切，对孩子提出很多不符合他们身心发展规律的过高期望，再加上频繁的考试、测验、作业、学业竞争，从而增加了孩子们的心理压力，让孩子们不敢面对失败。沉重的学习负担和强大的思想压力，让孩子们精神非常紧张，长时间处于焦虑不安之中。

4.人际关系方面的困扰

随着孩子的心理发展和自我意识的增强，强烈的渴望了解自己与他人的内心世界，所以产生了相互交换情感体验，倾诉内心秘密的要求，他们希望得到别人的理解、尊重、信任。不过有的孩子因为个人特点造成在人际交往上的障碍，自以为是，不能清楚地了解自己的不足，结果让他们在人群中很不受欢迎，这样的孩子容易感到孤独。

心理启示

挫折是当孩子遇到无法克服的困难，不能达到目的时所产生的情绪状态，人的一生可以说是与挫折相伴的。困难和挫折，对于成长中的孩子而言，是一所最好的大学，而父母给孩子过分的溺爱和保护，让孩子缺少参与、实践的机会，缺乏苦难的磨炼和人生的砥砺，所以，孩子的心理承受能力十分脆弱，遇

到一点点挫折就灰心丧气、自暴自弃，从而失去信心。

逆商课程：引导孩子正确看待挫折

失败绝不会是致命的，除非你认输。在失败面前一蹶不振，成为让失败一次性打垮的懦夫，那无疑是无勇无智的人；遭受失败的打击后不知道反省，不善于总结经验，只是凭着一腔热血横冲直撞，那不是头破血流，就是事倍功半，即使成功了，也是昙花一现，只是一个有勇无智的人。遭受了失败的打击之后，可以审时度势调整自我，然后再度出击，勇往直前，赢得胜利，这才是智勇双全的成功人士。父母需要特别教育孩子，挫折并不可怕，可怕的是你失去了前进的勇气和决心。

古滋·维塔在40年前带着全家人匆匆逃离了古巴，来到了美国。当时，在他身上只有200美金和100张可口可乐的股票。但是，就在40年后，他领导了可口可乐公司，并让公司的股票增长了7倍，使整个可口可乐价值增长了30倍。他在总结自己的成功经验时这样说道："一个人即使走到了绝境，只要你有坚定的信念，抱着必胜的决心，你依然还有成功的可能。"古滋·维塔几乎成了高逆商的代表，虽然，他经历了无数的坎坷，却一次又一次地被自己超越了。无论是古滋·维塔的故事，还是查尔斯·布朗的故事，都将告诉我们"挫折并不可怕"，"遇到了挫折并不算丢脸的事情"，而孩子有效提高自己逆商的途径之一，就是"正确看待挫折"。

查尔斯·布朗从小就生活在一个贫困的家庭，但是，父亲十分支持布朗读书，并把他送到了一所较好的学校。在这所学校里，富家子弟比较多，他们经常喜欢欺负穷人家的孩子，布朗虽然最穷，却是成绩最优异的学生。在一次课上，老师正在黑板上写出一道题，那些调皮的学生却在下面捣乱，老师点名批评了那名学生："要是你能像布朗这样爱学习，你的成绩就不会那么糟糕

了！”说完之后，老师请那名捣乱的学生上来做题，大半天他也解答不出来，接着老师又叫布朗上来做，布朗很快就做出来了，老师当着全班学生夸奖了布朗。

不过，就在当天放学后，布朗走出了校门就被几个孩子拦住了，他们不由分说就把布朗按倒在地，对他一阵拳打脚踢，打得布朗躺在地上不能动弹。其中一个孩子对布朗说道："谁叫你那么逞能啊，下次再敢逞能就打扁你。"回到家，布朗身上青一块紫一块，把父母都吓坏了，他们在知道事情的真相后显得异常难过。妈妈心疼地抱着布朗说："以后不要去上学了。"布朗听了连忙说："不，我要上学，我要读书！"

后来，父亲把布朗转到了离家较近的一所学校，这所学校里的学生大多数是贫穷人家的孩子，学校环境很差，老师也不按时来上课。但是，这一切都没有阻止布朗学习的决心，他依然如痴如醉地学习。放学后回到家里，他还要自学，家里穷，晚上舍不得开灯，他就到外面的路灯下学习。贫困的家境和艰苦的学习环境，这一切的挫折都不能阻挡布朗上进学习的决心。在后来的日子里，布朗通过接触《普通化学》痴迷上了化学，之后他考上了芝加哥大学，并获得了奖学金。大学毕业后，他开始了自己的研究生涯，并于1979年获得了诺贝尔化学奖。

孩子们在学习与生活中，会经常遇到一些小挫折。比如，在某次测验中，成绩不理想；在某次集体活动中，把表演搞砸了；在体育竞赛中，由于自己失误而拖累班级输掉了整场比赛等。诸如这样的小挫折，孩子们几乎每天都会遇到，另外，有的孩子出生在贫困的家庭，不能穿好的、吃好的、玩好的；有的孩子小时候就失去了妈妈或爸爸等。

无论是小挫折还是大挫折，只要孩子们能够以正确的心态去面对，就能够战胜，最后发现其实挫折并不是那么可怕。孩子需要通过正确看待挫折来提升自己的逆商，给予自己战胜挫折的力量。

1.多角度看待挫折

正确看待挫折，要善于开阔自己的视野，以宽阔的胸襟，从不同的角度去

看待、观察事物。正如诗中所说“横看成岭侧成峰，远近高低各不同”，对待挫折也是一样，不同的目标，不同的角度，会产生不同的结果。有的孩子在一次考试失败后就一蹶不振，下一次他照样失败；有的孩子面对鲜红的分数，能够勇敢面对，最终获得了成功。

当孩子在生活或学习中遇到了挫折时，父母应引导其把挫折看淡些，放眼看去，它不过是我们漫长生命历程中一个微不足道的黑点，没有必要陷入失败的痛苦中，而应该吸取教训，努力向前走，“失败乃成功之母”，让孩子从哪里失败就从哪里崛起。

2.增强自信心

如果孩子擅长某一方面，就会在这一领域里有着充分的自信，这可以帮助孩子更好地面对来自其他方面的挫败感。在学习中，引导孩子善于发现自己的优势，最大限度地发挥自己的长处和优势，努力表现自己，体现自身价值。当孩子在自己所擅长的某方面体验到成功，看到了希望时，就能帮助他们找回丢失的信心。

3.善于调节心理

父母可以让孩子学习一些缓解心理压力的常识与小窍门，这样便于他们在遇到挫折时自我调节。比如，当孩子出现紧张、畏惧的情绪时，提醒他们深呼吸几次，忘记这是在比赛，把比赛当作日常生活中的一项运动，并以放松的心态来迎接挑战。而且，通过调节心理来合理宣泄心理压力，这样能有效控制“输不起”的心理。

心理启示

不走出失败的阴影，就会被失败销蚀你的斗志，最终与成功无缘。有的人在追逐成功的路上，或者并不缺乏拼搏的精神，只是少了不畏挫折坚持到底的恒心。有的人被失败打败之后，丧失了进取心，在失败与挫折面前低头弯腰，最终只能一蹶不振。这些思想，不仅仅是父母自己要坚持的，而且他们应将这

些思想灌输给孩子，让孩子从小就不怕挫折，促使孩子更勇敢地前行。

逆商测试：失败对于孩子意味什么

成功是在不断的失败和探索中发现的，一个真正聪明的人，是善于从失败中吸取经验教训的。假如你希望在你的生活中创造积极的东西，那么你要改变一下自己做事的方式。在我们看来，每个人都免不了失败，在失败面前，需要保持头脑清醒。在生活中，有的人即便已经丧失了他所有的一切，不过他们并不算是失败，因为他们有一种不屈服的意志，他们从来不介意一时的成败，因为失败只会让他们变得更加成熟。

父母总是容易犯这样的错误，在一些比赛中，孩子失败后痛哭，父母很是心疼，于是上前安慰："我们认为你是最好的。"父母认为孩子会停止哭泣，却刚好相反，孩子哭得更厉害了。孩子因为失败而难过的哭泣变成了认为裁判不公平的哭泣，最严重的是孩子想法的转变，孩子会想："我是最好的，老师是不公平的，我再也不要参加了。"这样一来，孩子会更加认为自己没有输，开始抱怨别人的不公平，最后将自己的失败归在他人身上。父母应该引导孩子正面对待失败，并从失败中吸取教训，这次输了，是什么原因导致的，是因为太紧张吗？是准备不够吗？这样才有助于孩子养成正确面对失败的良好心态。

因为一个偶然的机会，崔小冒做了推销员，这开阔了他的视野，同时在与顾客打交道的过程中，他锻炼了交际能力和技巧，丰富了销售产品的经验，还学会了怎么样去洞察和分析顾客的心理。仅仅花了两年的时间，崔小冒便用自己的心血和智慧编织了一个庞大的销售网，成为当地最富有的推销员。就在这个时候，他作了一个重大的决定：花高价买下一家濒临破产的工艺品制造厂，同时拥有70%的股份。简单地说，这家工厂成了崔小冒的控股企业，基本上可以按照自己的想法去整顿和改革了。

崔小冒先是从生产和销售两个环节实行整顿，在他看来，生产环节方面需要降低成本提高效率、减少开支。于是，他辞掉了一部分对工厂的前景失去信心的员工，而对那些留下的员工，则增加他们的工作量，加薪。在销售这一环节，由于是工艺品，崔小冒抛弃了一些推销办法，改为推销制度，提高产品价格，保持合理的利润，加强销售服务，提高工厂信誉。

有人不解地问崔小冒："为什么总是喜欢买下一些快要倒闭的企业来经营？"崔小冒回答说："别人经营失败了，接过来就容易找到它失败的原因，只要找出造成失败的缺点和失误，并把它纠正过来，就会得到转机，也就是重新赚钱，这比自己从头干起要省力很多。"

可以说，很多失败，主要是因为自己的原因造成的，只有首先改变自己，才能改变这种状况。假如孩子在新年联欢会上表演出错或做算术题全班倒数第一，孩子会说"以后再也不会上台表演了，免得当着那么多小朋友出丑"，"真希望永远不再做算术题了"，也可能会说"我只不过事先没有排练或偶尔粗心罢了，下次我好好做准备，超过别的小朋友绝对没问题"。

孩子的这些面对挫折的心态，并不是与生俱来的，而是经历了逆境慢慢形成的。假如父母能成功地引导孩子认同第三种态度，让孩子保持"我一定能把困难战胜"的热情和信心，那就是给了孩子一笔巨大的人生财富。

孩子在逆境中失败了，父母经常会有这样错误的做法：

1.全权包办

许多父母希望给孩子铺一条平坦的路，这是很不现实的，这影响了孩子的交往能力，同时不利于孩子良好意志品质的形成，还会导致孩子长大后难以适应社会生活，容易产生自卑、抑郁等不良心理。孩子在交往中遭遇挫折时，父母不要觉得孩子受了很大的委屈，忙着帮孩子解决困难，而是应该给孩子锻炼的机会，让孩子在经受挫折、克服困难的过程中不断提高交往能力。

2.避免嘲笑孩子

孩子缺乏社交经验，在交往中容易遭遇挫折，这是难以避免的。父母不应该嘲笑孩子，或者责怪孩子的错误。父母应该注意培养孩子胜不骄、败不馁的

品质，在克服困难方面给孩子树立良好的榜样。

3.过度的挫折教育

父母给予孩子的挫折教育要注意适度和适量，为孩子设置的情境需要有一定的难度，能引起孩子的挫折感，不过又不能太难，应是孩子通过努力可以克服的。同时，让孩子面临的难题不应该太多，适度和适量的挫折可以让孩子调整心态，正确地选择外部行为，克服困难。过度的挫折教育会挫伤孩子的自信心和积极性，让孩子丧失兴趣和信心。

心理启示

对于孩子而言，在生活中大大小小的逆境，都是磨炼孩子毅力和意志的运动场，对待失败不同的态度，可能会对孩子个性的形成产生截然不同的结果。人总是这样，只有跨过了许多的沟沟坎坎，才能登上一级级的人生台阶，也才能体验“一览众山小”的感觉。作为父母，我们需要引导孩子从失败中吸取教训。

第12章 自立教育——培养孩子独立的性格

自立是指孩子远离父母的庇护，独立自主地生活和成长。父母对孩子的事情全权包办，并不能带给孩子完整的幸福感，他们只有在成长过程中自主做事，独立克服困难，才能真正体会到幸福。

自立法则：正确对待孩子的成就动机

孩子虽然可以靠父母和亲人的庇护而成长，因爱人而得到幸福，但是不管怎么样，人生归根结底还是要靠自己。一个人要想成就大事，从心底里感受到生命的充实，就必须靠自己。所有的事实都证明，“一切靠自己”是最明智的人生理念。

在孩子成长的路上，其成就动机是促使孩子们成功的原动力。父母一定要注意培养呵护孩子的成就动机，通常情况下，那些成就动机高的孩子，在生活中往往具有独立的见解，能够抵制不可靠的意见，做事情很容易获得成功。而且，在做事情的过程中，孩子们总是可以尽自己最大的努力，克服一切障碍，将自己的潜能发挥到极致。相反，那些成就动机低的孩子，他们总感觉信心不足，认为自己不行；而在设置目标的时候，他们又设置一些不切实际的目标，结果因不付出相应的努力，导致一次次失败。

林肯总统的兄弟名叫詹斯顿，他以前是一个整天不务正业的人，常常会写信向林肯借钱。对此，林肯总是在信中教育他。

亲爱的詹斯顿：

我想我现在不能答应你借钱的要求。每次我给你一点帮助，你就对我说：

“我们现在可以相处得很好了。”但过不了多久我就会发现你又没钱用了。你之所以这样，是因为你的行为上有缺点。这个确实在暗示什么，我想你是知道的。你不懒，但你毕竟是一个游手好闲的人。我怀疑自从上次见到你后你是不是好好地劳动过一整天。你并不完全讨厌劳动，但你不肯多做，这仅仅是因为你觉得从劳动中得不到什么东西。

这种无所事事浪费时间的习惯正是整个困难之所在。这对你是有害的，对你的孩子们也是不利的。你必须改掉这个习惯。以后他们还有更长的生活道路，养成良好习惯对他们更重要。他们从一开始就保持勤劳，这要比他们从懒惰习惯中改正过来容易。

现在，你的生活需要用钱，我的建议是，你应该去劳动，全力以赴地用劳动赚取报酬。

让父亲和孩子们照管你家里的事情——备种、耕作。你去做事，尽可能地多挣些钱，或者还清你欠的债。为了保证你劳动有一个合理的优厚报酬，我答应从今天起到明年5月1日，你用自己的劳动每挣一元钱或抵销一元钱的债务，我愿另外给你一元。

这样，如果你每月做工挣10元，就可以从我这儿再得到10元，那么你做工一月就净挣20元了。你可以明白，我并不是要你到圣路易斯市的加利福尼亚的铅矿、金矿去，而是要你就在家乡卡斯镇附近做你能找到的有最优厚待遇的工作。

如果你愿意这样做，不久你就会还清债务，而且你会养成一个不再负债的好习惯，这岂不是更好？反之，如果我现在帮你还清了债务，你明年又会照旧背上一大笔债。你说你几乎可以为七八十元钱放弃你在天堂里的位置，那么你把你天堂里的位置看得太不值钱了，因为我相信如果我把钱借给你，你就拿地抵押给我，如果你还不了钱，就把土地的所有权交给我——简直是胡说！你现在有土地都活不下去，那么你没有土地又怎么过活呢？你一直对我很好，我也并不想对你刻薄。相反，如果你接受我的忠告，你会发现它对你比10个80元还有价值。

你的哥哥

林肯

1848年12月24日

当然，孩子的成就动机是可以在日常生活中培养出来的，最关键的一点，就是父母一定要让孩子学会自己依靠自己，让孩子知道不论做什么事情，都必须依靠自己的力量，这样才能克服障碍，把事情做好，这样才能增强其成就动机。

1.告诉孩子：永远相信你自己

告诉孩子：在这个世界上，不要相信任何人，只能相信你自己。在平时的生活中，假如孩子自己摔倒了，他们不会哭闹不止，而是自己爬起来，因为他们知道，哭闹是没用的，谁也没时间管自己。

2.不要抱怨孩子太较真

有时候当孩子真的想去靠自己的时候，有的父母却抱怨孩子认真过头，太计较；当孩子真的自己努力去做某件事情的时候，父母地觉得孩子不用这样认真。父母常会有一些错误做法，例如反对孩子太认真。假如父母从一开始就不主张孩子做到最好，那他可能一生都不会认为自己就是最好的。假如孩子从小就不能仔细分辨态度与行为的差异，那他也不可能严肃地对待以后的学习和生活。

父母需要正确对待孩子的成就动机，假如孩子天生爱较真，每件事都想做到最好，那父母就应该想办法去呵护孩子的成就动机；假如孩子不好强，凡事都顺其自然，那父母需要花时间去培养孩子的成就动机。

3.激发孩子的成就动机

父母帮助孩子树立能够达到的目标，激发并帮助孩子建立适当的成就动机，让他们明确知识学习、品德修养等追求的目标。当孩子在一次活动中获得成功的时候，他们会感到满足，这时父母要教育孩子不能满足现有成就，在夸奖他们的同时，帮助他们树立进一步的目标。

4.相信孩子的能力

父母要相信孩子的能力，给予他们锻炼的机会，只要是孩子自己能够做的，就应该让他们去做。凡是孩子自己能想到的，他们就会有尝试的愿望，父

母要不厌其烦地给孩子机会，允许孩子去做一些他们自己能够做好的事情，这样会增加孩子的自信心，利于他们获得成功。

心理启示

父母应该有意识地培养孩子的独立能力以及自立意识。因为对于一个充满朝气的孩子来说，要是他觉得自己有能力，一百个人说他是白痴也不起作用；假如孩子觉得自己很没用，那即便给他注射兴奋剂也无济于事。父母需要告诉孩子：任何成功靠的都是自己的努力和机遇，这跟别人的照顾没有必然联系，正所谓天道酬勤，只要你相信自己，那生活就一定会越来越好。

自立精神：努力对孩子而言是一种责任

勤奋是一个人生存的最根本条件，一个人的成功跟他是否勤勉是有必然关系的。如果一个人是勤奋的，那么他就拥有了成功的机会；如果一个人是懒惰的，那么他就一定不会成功。勤勉和成功是互相制约的，经常会有很多人因为自己的勤勉而成功，却从没有人因为懒惰而成功。虽然你的勤劳并不一定会给你带来成功，但是无论如何，每个人都要辛勤工作，因为这是获得成功的最基本的条件。

成功的秘密：把寻求别人的帮助视为耻辱，不管自己多么贫穷，不管自己怎样在低谷中挣扎，始终保持这种意识，并以鲜明的独立精神继续生活。灵魂的根源就是独立地生存，要想获得独立和自由，就必须学会勤勉。在孩子们很小的时候，父母就应该给他们讲述一些关于勤勉的故事。

哈德良皇帝看见一个老人正在努力种植无花果树，于是，他问老人道：“你是否期望自己能够享受果实呢？”

老人回答说："如果我不能活到吃无花果的时候，我的孩子们也将会吃到。或许上帝会因此特赦我。"

"如果你能够得到上帝的特赦，吃到这棵树的果实，那就请你告诉我。"皇帝对他说。

随着时间的逝去，果树果然在老人的有生之年结出了果实，老人装了满满一篮子无花果去见皇帝。见到皇帝，他说："我就是你看见过的那个种无花果树的老人，现在无花果成熟了，这些无花果是我的劳动成果。"

皇帝命他坐在金椅子上，在他的篮子里装满了黄金。可皇帝身边的仆人表示反对："您想给一个老犹太人那么多荣誉吗？"

皇帝回答说："造物主给勤劳的人以荣誉，难道我就不能做同样的事吗？"

犹太父母总是告诉孩子：皇帝说得很对，上帝和人们通常都是把奖赏给那些勤勉的人。因为老人的勤劳，所以他得到了上帝的特赦，在自己的有生之年吃到了无花果。懒惰将会使一个人一事无成，所以他们选择了勤勉，只有勤勉的人才会尝到胜利的果实。

勤勉是人一生的财富，怎么样培养孩子是所有父母必须要考虑的问题：

1.让孩子在游戏中学习

对于年幼的孩子来说，他的生活就是游戏，学习做家务其实也是一种游戏。比如父母让孩子收拾玩具的时候，可以说："玩具玩累了，它们要回家休息了，让我们把它们送回家吧。"开饭的时候，父母可以说："妈妈要当厨师了，宝贝，你来当服务员，好不好？那现在就有请服务员帮忙把菜端出去。"当孩子觉得做家务原来可以这样有趣的时候，他们就一定会喜欢上做家务。

2.让孩子多练习"做事"

许多父母因为赶时间上班，无法给孩子充裕的时间做事，看孩子做事做得很慢，就干脆自己来做。实际上，父母可以利用晚餐后的时间来慢慢教孩子，并尝试着让孩子自己来做，时间一长就熟能生巧了。

3.抓住孩子兴趣的动机

从孩子的发展过程来看，孩子都是喜欢做事的，比如开始学走路不要父母抱，学吃饭时不喜欢父母喂，要自己吃；父母给孩子穿衣服，他会抢着自己穿。其实，这就是孩子做事兴趣最强烈的时候，父母需要耐心地教给孩子方法，指导孩子做好他们想做的事情，让孩子享受到“我会做”的喜悦和成就，不要顾虑到安全或觉得麻烦而不肯让孩子尝试，结果让孩子失去了学习的机会。

4.“舍得”让孩子做家务

父母不要总认为孩子小，很多事情都舍不得让他做而每件事都代劳，时间长了，孩子就没什么机会练习了。慢慢地，许多事情就真的不会做了。所以说父母要舍得让孩子做家务。当然，由于孩子的年龄、动作技巧、体力、耐心不一样，父母让孩子做家务，应按照孩子的能力安排，不宜过度，否则会让孩子因挫折而产生抗拒和畏惧感。

5.父母要做示范性动作

在训练孩子学习生活劳动的具体操作时，需要父母示范，然后再让孩子独立操作。比如，父母教孩子扫地、洗手帕、洗袜子、穿衣、穿鞋等，让孩子看大人怎么做，一边示范一遍细心地给他讲具体的注意事项，然后手把手教，再慢慢放手让孩子自己独立操作。

6.少责备，多鼓励

父母在指导孩子的时候，口气要温和，不宜不耐烦，应有耐心、有步骤地教导孩子学习。犹太父母认为，父母应该珍惜孩子每次的尝试，以鼓励为主，孩子每做好一件事情，都应该及时鼓励，比如，给孩子一个微笑，拥抱一下或说声“谢谢”“做得不错”，这都可以让孩子感到骄傲和自豪，体验劳动的愉快，激发其喜欢劳动的欲望。

7.适当奖赏孩子的劳动

聪明的父母常常会通过家庭教育来让他们的孩子学会勤勉。比如他们常常会给孩子一份清单：“小米拖地赚了10元，吃饭后为全家人洗碗赚15元”，“小丽收拾自己的床铺赚了15元，在家照顾小弟弟赚了10元，插花赚了10

元”。而且他们会告诉孩子这些零花钱是他们的劳动所得，如果孩子不干活，就不能得到零花钱。他们通常都是不随便给孩子钱的，目的就是鼓励孩子们多干活，并通过孩子们干活来培养他们勤勉的美德。等到这些孩子长大了，大多都能勤奋地工作，最后在事业上取得成功。

心理启示

在孩子们小时候就开始培养他们勤勉的习惯，这有利于孩子们更早地意识到勤勉的作用。告诉孩子：如果你很懒惰，那么就什么也得不到；如果你是个勤奋的人，就能够得到奖赏。因为从小树立起来的观念，会让他们在成长的路途中，更懂得怎么认真地去做每一件事。

自立准则：让孩子学会独立做事

告诉孩子：自己的事情一定要自己亲自去做，一切都要靠自己。哪怕你完成得没有别人好，但终归是你自己的劳动成果。犹太人相信：只有在一次次的困难和失败之后，才可以换来以后完善。假如你总想着依赖别人，那你的一生将始终与贫穷和低声下气为伴；只有孩子有了自己的能力和地位之后，与家人的沟通才会变得更容易，才能更好地适应周围的环境变化。父母需要教导孩子，自己的事情自己做，从小就培养孩子自主的能力。

小雅晚上睡觉前脱完衣服之后，妈妈告诉她：“小雅，以后晚上脱完衣服要把它们整理好，然后放在自己床旁边的凳子上。”说完妈妈就开始帮小雅整理脱下来的衣服，小雅看着妈妈的动作，急忙说：“妈妈，自己的事情自己做，这些都是我的衣服，我自己来整理它们。”说着就从妈妈手上抢过自己的衣服。

接着小雅就开始自己动手整理起衣服来，边整理边自言自语地说："小衣服，整整平，先把左袖折过来，再把右袖折过来，最后轻轻折起来。"小雅整理完衣服之后高兴地指着衣服说："妈妈，你看，我的衣服整理好了，我棒不棒呢？"妈妈竖起大拇指说："棒！棒！宝贝真棒！"小雅又说："妈妈，自己的事情自己做，我可是你的小帮手呢！"说完又开始整理她自己的小裙子，再然后是袜子，等把所有的衣服都整理好了之后，她就把它们放在一起，然后一起放在了凳子上，等着第二天起床穿。

父母过度地保护孩子，会让孩子慢慢地失去独立的能力，因此，父母不妨放手让孩子去做些事情，不但能够证明他们的成长，也能够建立孩子的自信心。家庭教育的目标之一就是孩子的独立性，一个缺乏独立性的孩子是没办法适应现代社会的，孩子长大后需要面对的是变幻莫测的社会，快速的科学发展要求他们具备独立思考、判断和解决问题的能力，否则将难以生存。

孩子的童年时期是其世界观、人生观、价值观萌芽的时期，通常孩子在三岁之前就有意志萌芽，能初步借助语言来支配自己的行动，出现独立行动的意愿，比如"我要做什么""我自己怎么样"。所以，对于父母而言，不仅需要有意识地培养孩子独立的能力，教会孩子自己洗手、洗脸、刷牙、穿衣服，做一些力所能及的事情，还要让孩子练习一些复杂内容的活动，比如收拾玩具、洗碗筷，去不远的地方买东西等。只有把培养孩子的"独立性"作为其健康发展的重要目标之一，才能让孩子养成良好的生活习惯。

1.让孩子成为一个"独立"的人

许多中国父母经常把孩子视为掌上明珠，一家人围着一个孩子转，而现在的孩子都是家中的"小皇帝""小公主"，他们饭来张口，衣来伸手，每件事情都由父母包办代替，结果导致孩子什么也不会做，什么事情也不愿意做。时间长了，孩子就会习惯性地让父母帮他做全部的事情。

孩子从出生起就是一个独立的人，他们一直在积极探索周围的世界，不过当父母一厢情愿地包办代替的时候，就会让孩子形成一种错误的观点：什么事情都应该是父母做，不需要自己动手。父母需要做的是让孩子学会做一个独立的“人”，从而感知生命存在的意义。

2.训练孩子动手做事的习惯

父母训练孩子动手做事的习惯，主要是做属于孩子自己的事和家事，比如整理书包、收拾书桌、自己穿衣穿鞋等。实际上，多做事的孩子有学习手脑并用、体谅他人和为别人服务的机会，同时手脚更灵活，做事更有效率，学习效率也随之提高不少。

3.让孩子独立去完成一件事情

父母在孩子需要帮助才能完成某件事情不给予帮助，这是父母的失职。但是，当孩子已经具备独立完成这件事的能力时，做父母的就应该要求孩子独立完成。对孩子而言，假如没有了摔倒后能重新站起来的勇气和毅力，那他要如何生存呢？假如孩子离开了父母的呵护就生活得一塌糊涂，那他又将如何去面对激烈的社会竞争呢？

4.让孩子自我服务劳动

自我服务劳动是孩子照料自己的生活、保持周围环境整洁卫生的劳动。比如，对于稍微大一点的孩子自我服务劳动的要求是：学会洗手、洗脸、刷牙、洗脚、剪指甲等，做好个人卫生，能穿、脱衣服，系鞋带，学会削铅笔，对自己的学习用品进行分类整理和保管等。

父母应该鼓励孩子在家里帮妈妈做些家务，给父母端水，给爷爷奶奶捶捶背。让孩子学会做事，就要从小事做起，扎扎实实做好每一件小事，这样以后才能胜任大事。父母对孩子“学会做事”的生活教育需要贯穿在孩子生活的每一天，这样长时间下去才有效果。当孩子从小就知道自己的事情自己做，慢慢地他就会从中意识到自己的责任感，不仅事情做得好，而且责任感极强。

自立教育：培养孩子独立的性格

自立就是掉进坑里后，自己勇敢地爬出来；自立就是遇到困难时，自己想办法解决；自立就是遇到挑战后，自己勇于承担；自立就是孩子在面对困难时不被压到，遇到厄运不低头。在犹太法典上写着这样一句话："五岁的孩子是你的主人，十岁的孩子是你的奴隶，到了十五岁，父子平等，就没有孩子了。"

聪明的父母是这样教育自己的孩子的：在孩子四五岁的时候，就让孩子从茶几上跳到父亲的怀里，然后父亲紧紧地抱着孩子，一次，两次……突然有一天父亲不再抱孩子了，让孩子摔在地上，这时父亲就对孩子说，请记住，除了你自己，不要相信任何人，不要依靠任何人，一切只能靠你自己。

小菲最害怕一个人在家里，一旦遇到意外情况，小菲就会手足无措。每次和爸爸上街，她总是喜欢被牵着走，若是爸爸让她自己挑选玩具，小菲会说："你觉得哪个好啊？"爸爸察觉到女儿对自己太过依赖，独立性太差。

有一天，小菲要去买书包，她问爸爸："是买粉色的，还是买蓝色的？"爸爸说："你自己决定吧，以后，只要是买你的东西，都要自己决定。"爸爸还鼓励小菲自己整理房间、打扫卫生、种花等等。现在小菲独立多了，都可以自己洗衣服了，会用电饭煲煮饭了，即便有时一个人在家也可以照顾好自己。

孩子具有了自立的性格，才能够快速适应独立的生活。父母希望孩子放弃对自己的依赖，就需要注重对孩子自立性格的培养。自立的性格是孩子学会独立、自主生活的关键，假如孩子在性格上喜欢依赖父母，不能承担责任，不会独立思考，就会影响到孩子以后各方面的发展。

父母希望孩子有个美好的未来，就不能每件事都满足孩子的愿望，这样容易让孩子产生依赖，无法自主、独立地去做事情。这样的孩子害怕遭遇挫折、承受压力，害怕尝试新事物，无法面对突然的事件。培养孩子自立的性格，需要父母学会放手，因为孩子必须学会选择、承担，能够自我服务，不盲目听从他人的意见，孩子需要长大，需要学会独立。所以，父母不要担心孩子会吃苦，而要让孩子早日独立、自主地生活。

1.允许孩子不听话

父母需要允许孩子适当不听话，不讲理，因为这表示孩子已经具备了独立思考的能力。当孩子不愿意服从父母的命令时，父母需要鼓励孩子说出自己的想法，只要孩子的想法是可行的，就可以按照他的想法执行，只有父母放手才能培养出孩子的独立性。当孩子不可理喻的时候，父母不妨反思：我说的真的是孩子想要的吗？一个每件事都听从父母、大多数时候只是在盲从他人的意见的孩子，并不应该获得夸奖。

2.避免给孩子定太多的规矩

假如父母希望培养孩子自立的性格，那就不能定太多的规矩。因为孩子想要获得独立的性格，需要更多的自由，父母总是定规矩，那孩子的个性就会被束缚。比如犹太孩子就有很多自主权，父母通常只告诉他：做完作业再玩。后来父母再告诉他：照顾好自己。结果孩子从小到大都做得很好，不会让父母操心。

没有被父母严格管制的孩子，却成了别人眼中的优秀孩子，他们给人印象最深刻的是：自立自强。不管是生活还是学习，这样的孩子都能打理得井井有条。孩了想要自立，就要多一些个人空间，父母减少规定，就会让孩子拥有更多的自己，而自由的氛围是利于孩子“自我”，也就是自主性的发展的。

3.避免对孩子进行处罚

假如孩子每次违背规矩都要被处罚，那这处罚就会对孩子的心灵造成打击。一旦孩子对处罚生出了恐惧，那就宁愿放弃个性以及自主性了。犹太父母的建议是，父母对孩子的坏习惯，不管制不行，管严了也不好，父母需要给孩子提供一个远离处罚的环境，从而让孩子远离处罚。

4.让孩子对自己负责

独立的个性可以让孩子更积极地管理自己，孩子需要摆脱被动地听话的状态，不能等着他人来帮自己作决定。通常来说，那些不具有独立性的孩子，不能从小学会自觉、自律地生活，长大后就会被社会淘汰。父母需要让孩子学会

自己的事情自己负责，自己解决，管理好自己的生活。只有孩子学会了自律，才能更加独立、自主地决定自己的生活方式。

5.父母不参与孩子的个人事务

对于孩子自己的事情，父母要鼓励孩子自己解决，别随意插手。尽管孩子的选择会有幼稚、不完善之处，父母也要清楚，即便再不成熟的决定，那也是孩子自己的决定。孩子需要这种自我选择、决断的机会，这会让他在失败中走向成熟，而他的个人独立性也会得到有效提升。

心理启示

孩子缺乏自主的个性，主要是因为被过度保护。父母是孩子最强大的保护伞，孩子一旦遇到困难，便总想寻求保护，于是就在这样的保护下失去了自我判断力、自我抉择能力、自我思考能力。父母应该明白，最听话的孩子，并不是最好的孩子；父母不要随意插手孩子的事情，要把判断和选择的权利交还给孩子。

第13章　诚信教育——让守信伴孩子同行

教育孩子信守诺言，做一个诚实的人，对孩子的成长是有很大帮助的。父母应该让孩子明白：一个人只有诚实、不说谎、信守诺言，才能够建立起良好的信誉。而且，信守诺言是与人交往合作的首要原则。

诚信准则：守信的孩子最可信

人要信守与父母的约定，更要信守与他人的约定。假如自己的确由于某些原因无法履约，就应该向对方说明原因，并请求对方的原谅。对于违约的行为应该深恶痛绝，而且应追究对方的一切责任，并毫不客气地要求其赔偿经济损失。在犹太人看来，不履行契约的人，会被认为是违背了上帝的旨意，这样的人会受到大家的唾骂，大家会齐心协力将他逐出商界。守诺并不只是犹太人在商业上所遵循的原则，他们在生活中也一样遵守诺言。

很早以前，有一位漂亮的姑娘，待字闺中。一天，她与家人一起出去游玩，走了一段路，她感到口渴，于是就一个人去找水喝。她看见了一口井，就想舀些水喝，但是仅凭她的力气要想吊上一桶水根本不可能。她左思右想，看到四处无人，就顺着绳子下到井里去喝水。没想到她喝完水以后，发现井壁太滑，她根本就上不来。想到此刻父母找不到她肯定很担心，她又着急又害怕，后来竟然急得哭了起来。

说来也巧，一个年轻的小伙子从此路过，他听见姑娘的哭声，就赶紧过去看个究竟，姑娘因此得救了。小伙子被姑娘的美貌迷住了，同时姑娘也被小伙子勇于助人的精神所感动，两个人互相表达了爱慕之情。不久，小伙子要出

远门，两人依依惜别。临别前，两个人定下山盟海誓，他们约定等小伙子一回来，两个人就立即结婚。订婚是要有证婚人的，但是当时在场的只有他们两个人，正好在这个时候过来一只黄鼠狼，而且旁边还有一口井，于是黄鼠狼和井就成了他们的证婚人。

小伙子离开家乡后，一开始还将姑娘放在心上，但是时间一久，他就忘记了他们之间的约定。可是姑娘没有忘记，还在家里傻傻地等着小伙子归来。后来，小伙子已经将姑娘忘得一干二净，而且和另外一个女子成了婚，过上了幸福的生活。小伙子和他的妻子生了两个儿子，但是两个儿子先后遭遇不幸。第一个儿子在草地上玩的时候，被一只黄鼠狼咬死了；第二个孩子到井边玩的时候，一不小心掉进井里淹死了。小伙子这时候醒悟了，他想起了自己和姑娘的约定，于是和妻子说明白了一切，与妻子解除了婚姻关系，匆匆赶回家乡，去见自己的恋人。在姑娘的家里，姑娘还在一直等待着心上人的出现。小伙子向姑娘表达了深深的忏悔，两个人在姑娘的家里举行了婚礼。

这个故事重在强调道德、人的良心，对恋人的不离不弃，重在强调对契约的遵守。父母与子女之间的互相承诺也应像成人间的交往一样认真对待，这不但是一种与孩子交流的合理形式，同时也是一种培养孩子健康人格的教育手段。一旦孩子意识到自己答应了的事情就一定做到时，便懂得了责任感，从而督促孩子学会履行责任，养成良好的道德习惯。那犹太父母是如何向孩子许诺的呢?

1.对孩子要言而有信

父母要尊重孩子，不要以为孩子年龄小、不懂事，对孩子说过的话不重视，不管是否兑现都不在意。因为在孩子的眼里，守信用是最重要的。孩子有时候会抱怨父母说话不算数，只是因为他们希望自己的愿望得到满足。

2.注重许诺的次数

对孩子许诺应随着年龄的增长慢慢减少，因为年龄小的孩子，控制能力比较差，许诺可以适当多些；随着孩子年龄的增长，有了较好的自控能力，许诺的次数可以慢慢减少。

3.避免胡乱许诺

父母的许诺必须利于孩子的健康成长，起到正面教育的作用。因此，父母不要在孩子面前夸口，胡乱许诺，许诺太多而又不能兑现，这会让父母在孩子心目中的地位大大降低。假如孩子提出一些不应该提出的要求，父母则需要有自己的原则和底线，就需要把握一个“度”，需要清楚地告诉孩子：是否可以。这样会让孩子慢慢懂得在生活中有“可以”“不许”“应该”等一些概念，父母是非分明，才能促进孩子的心理健康。

4.许诺多精神成分

许诺包括物质许诺和精神许诺，适度的物质许诺是可行的，不过不能过度，否则只会滋长孩子虚荣、自私等不良习性。父母可以尽可能地许诺一些精神活动，比如许诺给孩子买书，带孩子去看画展、旅游等，这样不但可以调动孩子做事的积极性，同时可以丰富孩子的精神世界，开阔孩子的视野。

5.当诺言不能兑现时积极应对

若父母因为必须工作等原因影响了诺言的兑现，当孩子感到失望、委屈时，父母不可以强迫孩子接受许诺不能兑现的结果。父母应该主动而诚恳地向孩子道歉，然后将不能兑现的原因告诉孩子，获得孩子的理解和原谅，并在以后寻找合适的机会兑现自己没有实现的诺言。即便孩子短时间内没办法谅解，父母也不要用呵斥、教训的方式对待孩子，应允许孩子发牢骚、表达不满的情绪。父母犯错或违背自己许下的诺言的时候，如果能向孩子说一声对不起，可以帮助孩子建立自尊，同时可以培养孩子尊重他人的习惯。

心理启示

父母对孩子必须言而有信，以诚相待，这样孩子才会对父母产生充分的信任感，也才会把自己的心里话告诉父母。父母是孩子的镜子，同时是孩子模仿的对象，只有那些说话算数的父母才可以在孩子心中树立起威信，才能避免孩子说谎的情况发生。

诚信力量：诚实铸就孩子品格

我们知道，遵守契约是商业运营的保障，而社会的发展也是在契约的保障下维持稳定的。聪明的父母在孩子很小时就开始对他们进行诚信教育，让孩子伴随诚信健康成长。当然，培养孩子诚信的品质，这要求父母有长期坚持的耐心，与时俱进的细心。父母应要求孩子从小就说真话，不说假话，做错事勇于承认自己的错误并能及时改正，不拿别人的东西，做到言必信，行必果。

一天深夜，一位有钱的绅士走在回家的路上，被一个蓬头垢面、衣衫褴褛的小男孩拦住了，小男孩乞求道："先生，请您买一包火柴吧。"绅士回答说："我不买。"说着绅士躲开男孩儿继续走，小男孩追上来说："先生，请您买一包吧，我今天还什么东西也没有吃呢。"绅士见躲不开男孩，便说："可是我没有零钱啊！"小男孩说："先生，你先拿上火柴，我去给你换零钱。"说完小男孩拿着绅士给的一个英镑快步跑走了，绅士等了很久，小男孩依然没有回来，绅士无奈地回家了。

第二天，绅士正在自己的办公室工作，这时秘书说来了一个男孩要求面见绅士，于是，男孩被叫了进来，这个男孩比那个卖火柴的男孩矮了一些，穿着更破烂，小男孩说："先生，对不起了，我的哥哥让我给您把零钱送来了。"绅士问道："你的哥哥呢？"小男孩回答说："我的哥哥在换完零钱回来找你的路上被马车撞成重伤了，在家躺着呢。"听完小男孩的话，绅士被他们的诚信所感动了。绅士说："走，我们去看你的哥哥。"去了男孩的家一看，家里只有男孩的继母在照顾受重伤的男孩，一见绅士，男孩连忙说："对不起，我没有按时把零钱给您送回去，失信了！"绅士却被男孩的诚信深深打动了，当绅士了解到两个男孩的亲生父母都已经过世的时候，毅然决定把他们所需要的一切都承担起来。

培养诚信品格，是一笔最好的投资。具有诚信品质的人，注定是人生的大赢家。父母应该记住，只有当自己的行为正直而高尚的时候，他们所坚持的道德观念才能深入到孩子的心灵中去，并引导孩子的思想和感情。

诚信既是一种品格，也是一种素质和能力，那如何培养孩子的诚信品质呢?

1.为孩子做好榜样

父母要培养一个有责任心，以诚待人的孩子，就要以身作则，作诚实的表率，身教重于言教，父母需要用实际行动对孩子说无声的语言，做有形的榜样。为了培养孩子诚信的品质，父母对待孩子一定要诚信，不要说话不算话，所以，父母在向孩子许诺之前请三思，不能言而无信，答应孩子的事情，就一定要做到；假如不能兑现，应该及时向孩子解释，向孩子道歉，并作自我批评。假如父母言而无信，一而再，再而三，孩子就会对父母产生不信任感，并认为说了话可以不算数，慢慢地，孩子也会这样做。

2.营造互相诚信的家庭氛围

父母要做有心人，为孩子创造愉悦的互相诚信的氛围，以感染孩子的心灵。尤其是家庭成员之间应互相信任。尽管孩子年龄较小，但他同样也能体会到父母对他的尊重和信任。因为从小受到尊重、信任的孩子，会更加懂得如何去尊重、信任别人和如何得到别人的信任。

3.满足孩子合理的要求

父母都希望自己的孩子诚实守信，不喜欢撒谎的孩子，不过，很多孩子却表现得不尽如人意。其实，孩子的这些坏习惯大都是后天的某种需求引起的，比如为了满足吃的、玩的需要，甚至是为了逃避受批评、受惩罚，这些都助长了孩子们不守诚信的恶习。

父母应该认真分析孩子的需求，尽可能满足其合理的部分。当然，满足孩子的时候应用孩子的眼光来看待事物，分析孩子的需要，认真倾听孩子的心里话，而不要以大人的想法推测孩子的心理。当知道孩子的需求之后，父母应该分析让孩子明白哪些是合理的、正确的，然后及时满足孩子合理的需求。对于孩子不合理的需求，则要对孩子讲明道理。千万不要觉得孩子很小，或者没什么要紧而纵容孩子。

4.主动进行“诚实教育”

因为孩子年龄小，所以必须把道理具体化、形象化、趣味化，这样孩子才能接受。因此，父母可以利用故事，把诚实做人的道理寓于故事之中，让孩子明白什么是诚实，什么是虚假和欺骗，应该做什么，不应该做什么。

5.对孩子的教育方法要正确

父母发现孩子有不诚实的言行时，需要细致、耐心，冷静地听听孩子是什么样的想法，认真分析其中的原因，然后对症下药。千万不要急躁、粗暴，对孩子进行打骂、体罚等，这样做的效果是适得其反，孩子往往会为了躲避惩罚而习惯说谎。

诚信是一种无形资本，从小培养孩子诚信的品格就等于是为孩子的未来融资。一个人是否诚信，这和他受到后天的环境影响和教育有着直接的关系，尤其是父母在孩子童年时期的引导和培养，这是一个人品质成型的关键。

诚信约定：引导孩子遵守每一个诺言

父母经常会对孩子妥协，当孩子违约之后，父母因为受不了孩子的哀求而妥协，从此以后，孩子就会变本加厉地违背约定。但如果父母对孩子进行威胁，比如“你说话不算数，妈妈不要你了”，说这样的话，那还不如冷落孩子，适当的冷落反而会让孩子得到反省的机会。

父母习惯性的错误做法是哄孩子，时间长了，孩子会觉得“反正只要我一哭闹，他们就会过来哄我，这招最管用了”。结果，不遵守约定、哭闹、耍赖就成了孩子们的家常便饭，这时再想纠正过来就困难了。如果父母没办法兑现承诺，需要向孩子说明原因，否则就会让孩子产生一种父母说话不算数的误解。

美孚石油公司向餐具经营商犹太人乔费尔订购了3万套餐刀和叉子，当时定下的交货日期是9月1日，地点是在芝加哥。乔费尔丝毫不敢怠慢，马上请厂商将货物给他们赶制出来。没想到的是，麻烦却出来了，厂商始终磨磨蹭蹭，一直不能按时交货。乔费尔对厂商非常生气，不过事情已经这样了，他也没什么办法，只有希望厂商能够速度快一些。

乔费尔多次打电话催问，不过对方总是毫不在意地说："就算是迟点儿，你也总不至于这么上火吧？"乔费尔是犹太人，信奉契约精神，所以只好咬牙：让刀叉坐飞机吧！于是，5小时之内将3万套刀叉装上了飞机；9月1日，这架飞机装载着刀叉到达了交货地点芝加哥。当然，乔费尔付出了惨重的代价：额外地多支出了6万美元，要运送的不过是3万套刀叉。而美孚石油公司的人只是说了一句："按期交货，很好！"而对于那笔昂贵的飞机租金，他们一句话也没说。

或许，有人认为乔费尔吃大亏了。但是，这次以后，商界都知道了这个做生意注重合同的犹太人，全世界的很多商人都来和乔费尔做生意了，于是大量的订单雪片般地飞到了乔费尔的手中。尽管当年的这点小损失让乔费尔心疼不已，现在他却觉得应该好好感谢那次意外给自己带来了这么大的收益。

犹太人即便吃亏也要遵守契约，而他们也是这样教育孩子的。约定的本质是一种信任与被信任，能够遵守约定反映的是人的诚信品质。孩子从小知道遵守约定的重要性并能身体力行，这对于他们的一生是非常重要的。而父母需要做的就是帮助孩子学习遵守约定、信守承诺。

1.制定一些简单的规矩

所制定的约定规则应该简单易懂，让孩子容易遵守。父母需要避免一下子制定许多规矩，避免制定一些复杂的规矩，更不要制定孩子不容易遵守的规矩，否则这就好像是口头支票，没有任何意义。而那些简单易守的规矩会让孩子感到遵守规矩是一件高兴的事情，为他们增强自信心。

2.适当的约定时机

约定的时机一定要在行动之前，不要出现问题了之后才来谈约定，比如父母在出门前就和孩子说“我同意带你去超市，不过这次不买玩具”或“这次只买一个玩具，行吗”，等到孩子答应之后再行动。

3.约定一旦开始，就不要放弃

与孩子制定的约定一旦开始，就不要轻易放弃。不要对孩子的反抗显得手足无措，更不要轻易放弃、妥协，给孩子例外、开绿灯。坚定的约定能给孩子安全感，而摇摆不定则会让孩子感到无所适从。因此，父母本身首先要遵守约定，一旦开始，就不能中断，即便确实难以完成，父母也要和孩子一起想办法，努力解决问题。

4.让孩子尝试承担后果

在违反约定的时候品尝行为后果对于帮助孩子建立行为准则是非常重要的，父母需要动脑筋，给孩子实施自然和逻辑后果，建立行为后果帮助孩子学会承担责任。让孩子知道，假如自己不遵守规则，就会承担不愉快的后果，比如受到惩罚。所以在给孩子建立规则的过程当中，一定要让孩子学会承担自己的行为后果。

心理启示

父母想要孩子学会遵守约定，自己的榜样作用是不容忽视的。有的父母不能以身作则，和孩子约定的是一套，自己做的又是另外一套。当父母某方的爽约行为造成家人意见不合时，孩子就会觉得自己有了靠山，有了袒护自己的人，他们便不担心会受到惩罚。此外，这样会影响孩子正确价值观的形成，他们不知道怎么做才是正确的。

诚信教育：教导孩子言行一致

犹太人认为：一个人死后进入天国前，上帝会先问：你生前做买卖时是否诚实无欺？如果有过欺诈，将被打入地狱。唯有诚实正直的经商之道才是生存处世的最高法则。在以色列国家，父母总是告诉孩子：不撒谎，做一个诚实守信的好孩子。

孩子是否诚信，父母在其中起着关键的作用。假如孩子经常出现不履行诺言、言行不一的行为，父母就要从孩子的认识发展上来找原因。父母需要避免的是，不要认为这是一种道德败坏的表现，也不要因此而打骂孩子。假如孩子还小的时候父母就注重对诚信的教育，那么孩子以后肯定是一个讲诚信的人。

吉姆16岁那年，父亲让他去商店买一些修栅栏用的木材和铁丝，来整理一下农场。如果是平时，吉姆肯定会非常高兴的，因为他很喜欢开着父亲的小货车出门。但是，这一次吉姆却怎么也提不起兴趣，理由是父亲让他去商店买点东西，却没有给他钱。父亲只是说："吉姆，你去给我买点木材和铁丝，戴维斯叔叔知道我的，你告诉他我的名字就行了。"

处于青春期的吉姆是心高气傲的，他想要得到的是别人的尊重而不是别人的怜悯。吉姆曾经见过自己的同学去商店赊账的情景，平日趾高气扬的同学卑躬屈膝地站着，而店主却还是不可一世地问他是否有能力还钱。吉姆心里很清楚，像他们这样的黑人只要一进商店，那些售货员看他们的眼神简直就像盯贼一样，吉姆知道自己的父亲是一个老实人，很讲诚信，欠了别人的东西一定会还上，但是，别人会相信自己吗？

吉姆走进百货商店，店主叫戴维斯，那是一个饱经沧桑的男人。吉姆看到店主正在出纳机的后面跟一位中年人谈话，他看了眼店主就走向了自己所需要的东西，吉姆用了很长时间才把自己要买的东西拿到了出纳机前面，他看上去十分胆怯，他对店主说："对不起，戴维斯叔叔，这次恐怕我要赊账了。"这时那个正在跟店主聊天的中年人看了吉姆一眼，眼里充满了鄙夷，但是，戴维斯并没有露出厌恶的眼神，反而十分和蔼地说："行，没问题，我知道你父亲

是一个很守信用的人。”说着，店主开始对那个人介绍说：“他的父亲是詹姆斯，是一个很讲诚信的人。”那个中年人开始转变了态度，眼光透露出一种尊敬之意。

要想让孩子养成诚信的好习惯，那就要从小开始培养，坚持不懈。父母在孩子还小的时候就要把诚信灌输到他的思想中，并以此来要求孩子。父母可以告诉孩子诚信是如何重要，或者给孩子看一些讲诚信的书籍，让孩子多知道一些伟人诚信正直的故事，这样才有利于孩子诚信习惯的养成。

孩子喜欢撒谎，这是大部分父母在教育孩子的过程中经常遇到的问题，面对孩子撒谎，父母束手无策，不知道孩子为什么要撒谎而不诚实。父母常常没有办法改变孩子撒谎的习惯，担心孩子撒谎是因为品格出了问题。其实，不同年龄的孩子撒谎的性质是不一样的，父母不要一概而论。

孩子为什么撒谎？

1.年龄较小的孩子

年龄较小的孩子对一些概念模糊不清，常常会出现混淆的现象，这时父母不要给孩子过早地下结论，贴标签。这时候的孩子不能够理解父母的指令，没有辨别是非的能力。因此，孩子看到一些事物时会按照自己的理解作出判断，用自己的语言模式表达出来。即便孩子的表达不是父母想要的答案，在无法理解孩子的情况下，父母也要尽量避免给孩子贴上“撒谎”的标签。

2.年龄稍大的孩子

年龄稍大的孩子撒谎是一种自我保护的表现。当孩子做错事情的时候，父母不能够公正地处理，一看到孩子有错误或有了麻烦，根本就不给孩子说话的机会，不是批评就是打骂，结果为了自己的安全，孩子会选择撒谎来逃避父母的责罚。对此，父母不要好高骛远，不要把孩子看成是无所不能的天才，当他们有压力的时候，多说一些话和做一些事情来减少他们的压力，这样可以有效避免孩子撒谎。

3.青春期的孩子

青春期的孩子撒谎是为了表达自己的主见和观点。在这个时期，如果父母不尊重孩子的意见，不信任孩子的做法，不给孩子表达的机会，那么孩子很容易撒谎。所以当父母觉得孩子变得不听话了、叛逆了时，如果父母能给孩子自由的空间，让孩子有表达想法的机会，尊重孩子所提出的合理要求，那孩子是没有必要撒谎的。

那如何培养孩子诚实的习惯呢？

1.父母要言行一致

父母应该以身作则，言行一致。喜欢撒谎的孩子大多与父母平时说话不算数、对孩子的承诺不能兑现有很大的关系。因此，父母要想孩子诚实守信不撒谎，就需要做好榜样，言行一致，注意自己生活中的一言一行、一举一动，为孩子做个榜样，做个表率。

2.尊重孩子

孩子的成长是一个过程，在这个过程中会遇到很多预料之外的问题，当问题发生以后，父母需要尊重孩子成长的客观规律，不要把自己的主观判断强加给孩子，需要多听孩子的心声，尊重孩子在成长的过程中出现的失误和不足。

3.让孩子从小事做起

俗话说："勿以善小而不为，勿以恶小而为之。"父母需要引导孩子从小事情做起，培养孩子辨别是非的能力，让孩子参与家庭中力所能及的事情，多给孩子锻炼的机会，让孩子在做事情的过程中提高辨别是非的能力。

4.了解孩子

父母需要做到了解孩子，信任孩子，观其心，知其行。在平时的生活中，父母要多和孩子共同探讨和交流，只有这样才能够了解孩子心里在想什么，也只有了解孩子的想法了，才能做到无条件地信任孩子。

5.及时引导

当发现孩子有撒谎的行为时，父母需要掌握好处理的分寸，不要急于下结论，也不要强迫孩子坦白、承认。父母需要积极引导，在了解事情真相之后，动之以情，晓之以理，让孩子明白撒谎是一个坏习惯。

心理启示

在你教育自己的子女之前，请你检查一下自己的行为，不要认为只有当你和孩子谈话，对他们进行了教导或指示的时候，才是对他们进行教育。你怎样和别人谈话，你怎样谈论别人，你怎样高兴，你怎样悲伤，你怎样对待朋友，你怎样对待敌人，你怎样笑，你怎样哭，所有这些对于孩子都具有很大的影响。

第14章 时间管理——让孩子懂得珍惜时间

对大部分孩子而言，他们并没有太明确的时间概念。平日里他们总喜欢玩，而在学习时却不珍惜时间。这时，作为父母的我们应该引导孩子进行时间管理，通过合理的时间安排，让孩子懂得珍惜时间。

时间概念：让孩子认识时间

“不要浪费时间”“时间也是商品”是最出名的座右铭。时间就是金钱，不过时间远不止是商品和金钱，时间是生活，时间是生命。因为金钱是无限的，时间是有限的，用有限的时间去追逐无限的金钱，结果只能受到时间和金钱的压迫。商品可以继续生产，钱也可以再赚，但是时间是不能重复的。一个人最不应该的就是浪费宝贵的时间，因为人都只能经历一次时间，而别人的时间更不能随意占用和浪费。所以，时间对于每个人来说都是很重要的。

时间是赚钱的资本，有“升值”的利润，假如一个人可以恰当地把握时间，那就可以让金钱“无中生有”。在工作中，聪明人决不会轻易浪费每一秒钟，一旦规定工作的时间，就严格遵守。下班的铃声响了，合格员工即便没有完成手头的工作，他们也可以立即放下手中的工作回家，他们的理由是“在工作的时间里，我没有浪费一秒钟的时间，所以属于我的时间我也不能轻易浪费”。

巴奈·巴纳特是南非首富，他刚到伦敦时是一个身无分文的穷小子，后来，他带了40箱雪茄烟到了南非，用雪茄烟作抵押，得到了一些钻石。然后花了几年时间的拼搏成了一个富有的钻石商人。

而且，巴纳特的盈利是一个周期性变化的规律，这就是每个星期六他能够获得更多的利益。由于星期六这天银行停业的时间比较早，巴纳特可以用空头支票购买钻石，然后再在星期一银行开门之前把钻石卖出去，用所得款项在自己的账号上存入足够兑付他星期六开出的所有支票。巴纳特利用银行停业的一天多时间，拖延付款，在所有人合法权益没有受到侵犯的前提下，调动了远远比自己实际拥有的资金多得多的资金。

正是巴纳特较强的时间观念，使得他积累了越来越多的财富。犹太人不但自己珍惜时间，而且还教育孩子从小养成珍惜时间的良好习惯。所谓“一寸光阴一寸金，寸金难买寸光阴”，时间比金子还宝贵，父母们都明白这个道理。不过小孩子并不懂得，时间对我们每个人都是平等的，谁有紧迫感，谁珍惜时间，谁勤奋，谁就可以得到时间老人的奖赏。

1.教育孩子提高学习效率

为了提高效率，需要科学地利用大脑。因为用脑的时间长了，大脑会变得迟钝。通常情况下，孩子学习一个小时左右，他的大脑就会疲倦，如果这时依然继续学习的话，学习效率是较差的。所以，父母可以教导孩子交替学习，这样大脑各部分就可以得到轮流休息，从而达到提高学习效率的目的。

2.教会孩子善于利用时间

对于一些事情，最好是用整体的时间，一气呵成，最后才能获得好的结果。对此父母需要教会孩子善于利用时间，比如孩子在计算一道很有难度的数学题，假如每天思考一会儿，又去干别的事情，那第二天再来思考的时候，就会记不得昨天的思路，这样就会很耽误时间。

3.避免孩子养成磨蹭的习惯

孩子只有在体会到磨蹭给自己带来损失之后，才会自觉地快起来。所以，父母有时可以让孩子为自己的磨蹭付出代价，让他们去品尝磨蹭带来的结果。比如，孩子早晨有赖床的习惯，父母不要着急，也不要去帮他，可以提醒孩子：再不快点可要迟到了。假如孩子依然磨磨蹭蹭，那不妨就让他这样去做，让他亲身体验上学迟到的后果。假如孩子真的上学迟到了，老师肯定会询问他

迟到的原因，孩子受到批评之后，就会意识到磨蹭给自己带来的害处了。

4.巧妙利用倒计时

对于孩子来说，有的事情是硬性的任务，必须在某个时间段完成，这就需要父母教孩子利用“倒计时”的方法来安排时间。比如，在一个月之内必须做完的事情，可以算算还有多少天，规定每天做多少，当天没有完成的话，需要及时补上。让孩子明白假如不能按时完成，错过了机会，那就前功尽弃。

5.给孩子适当的压力

缺乏适度的紧张感是很多孩子做事磨蹭的原因之一，因此父母可以在孩子的生活中给予一些适当的压力，让孩子的神经绷紧一些，让他们的生活节奏加快一些。比如，按照孩子的具体情况，可以给孩子的洗漱、穿衣、吃饭和写作业等增加计时活动，做这些事情需要多长时间，事先与孩子一起商量好，然后要求孩子在规定的时间里保证质量完成。假如孩子做得好，可以适当给予一些奖励；做得不好则给予一定的惩罚。

6.让孩子有一个规律的作息时间

孩子的心理过程的随意性较强，自我控制能力比较差，经常是一边吃饭，一边玩耍；一件事情没有做完，心里已经开始想到另外一件事情了。父母假如不注意引导，就会让孩子养成拖拉的坏习惯。而良好的作息习惯是养成良好时间观念的前提，父母可以和孩子一起制定一张作息时间表，什么时间起床，洗漱需要多少时间，吃早餐需要多少时间，放学后做什么，几点睡觉，让孩子作出合理的安排。只有将作息时间固定下来，形成习惯，孩子才会对时间有一个明确的认识，养成良好的时间观念。

心理启示

养成良好的时间观念是一个人做事成功的基本前提，不过这并不意味着全部。特别是对孩子而言，良好的行为习惯是多方面的。父母是孩子的第一任老师，父母的一举一动都对形成孩子的一些行为习惯起着至关重要的作用。然

而，有些父母却因为疏忽，总以为孩子很小，对孩子做事总是不管不问，结果孩子正确的行为缺乏鼓励，错误的行为没有被阻止，时间长了，孩子形成许多坏习惯。

时间观念：引导孩子快速行动

行动的天敌常常是人们的拖延，而能够停止拖延的最好办法就是马上付诸行动。犹太人只占全世界人口的百分之一，但全球百分之七的财富都掌握在他们手中。这其中的一个重要原因，就是犹太人能够学会做行动的主人，做任何事情都尽自己最大的努力，从来不把今天的事留给明天。他们做事情绝不会在那里拖延，而是做到今天的事情今天做，时刻谨记“今日事，今日毕”。

犹太人时间观念很强，所以他们绝不会拖延时间，也不会浪费时间，他们总是致力于把一件事做好。如果他们认定某件事是今天必须要完成的事情，他们就会竭尽全力地去完成它，哪怕别人已经下班了，他还是会坚持把事情做完才下班。这就使得他们养成了做事严谨、珍惜时间的习惯，这也成为他们能够成功的一个重要条件。

在犹太人的上班时间里，专门安排了处理文件的时间。他们通常把上班后大约一个小时称为“第克替特时间”，即是处理文件时间。犹太商人在这段时间里，会将昨天下班到今天上班之间所接到的商业函件进行阅读，并开始回信，他们用打字机打好及时地发出去。他们在这一段时间里，为了集中精力处理这些文件，以求高质量高效率，是不允许任何人打扰的。如果有人来打扰，就会影响他们的速度和效率。在犹太人之间，通常会说这样一句话：“现在是第克替特时间”。这句话，在犹太人的话语里，有公认的意思，意思就是“谢绝会客”。

如果你随便走进一个才能卓越的犹太人的办公室，你就会发现在他的办公桌上，你是看不见有“未决”的文件的。犹太人的时间观念都极强，他们绝对

不愿意浪费时间。在他们“今天的事情今天完成”的观念里，积压文件的做法是非常不可取的。因为如果一旦发现在办公桌上有待批的文件，里面就极有可能有一批是极其重要的。如果没有按时把它们处理了，就有可能耽误很重大的事情，而这就是在变相地浪费时间。

而对于很多犹太商人来说，这是尤为重要的。他们办公桌上的文件，大多是有商业往来的信件、商业函件等，它里面的内容有可能是提供了一些重要的商业信息，有的则是请求商业往来，有的是关于某些商品的交易。每一个文件里面都包含了一条信息，都极有可能给商人提供赚钱的机会。如果这里面有急待回复的文件积压在办公桌上，等到明天来处理，就为时已晚。因为每个人的时间都是宝贵的，当对方迟迟没有得到消息的时候，他就会选择放弃，另外寻找合作伙伴。如果是这样，那么对于商人来说就白白失去了一个赚钱的机会。犹太人是十分清楚这一点的，所以，他对自己手中的文件都是极为重视的。

犹太人用“第克替特时间”来处理文件，这样能够做到高效率地办事。犹太人一般把“马上解决”这句话作为自己的座右铭，所以，他们特别注重办事的效率和时间。一旦他们有事情，就马上致力于去找到解决的办法，而不是一拖再拖，他们有着极强的时间观念。所以在他们看来，拖延当天的工作，是最可耻的事情。他们力求今天的事情今天就能够完成，而不是拖到明天。

播种一个行为，你就会收获一个习惯；播种一个习惯，你会收获一种品格；播种一种品格，你会收获一个命运。孩子也许没有很好的天赋，但是只要他养成了很好的习惯，就会给自己的一生带来巨大的收益。许多孩子都有做事拖沓的习惯，他们常常会因为贪玩而误了作业，父母问他原因，他还会搬出很多借口。

其实，孩子有这样的习惯对他的未来是相当不利的，习惯虽然不能决定一切，但一定程度上可以影响他做事的效率和风格，尤其是对于小孩子来说，一个小小的习惯有可能会带来一生的阻碍。因此，父母要让孩子养成“当日事，当日毕”的良好习惯，这会成为他一生的财富。

1.父母率先做好榜样

泰戈尔说：“当你为错过太阳而流泪时，你也将错过月亮和星星。”人性本身就是散漫的，更何况是还不懂得控制自己的小孩子。他们很难坚持一件事，对时间的控制也做得不到位，有可能一道简单的题他也会做得很久，最后导致很多事情不能完成，于是，把本来应该当天完成的事情拖到了第二天，还为自己寻找借口。

这样的情形不仅仅在出现在孩子身上，有时候也会出现在父母身上。所以，要想孩子养成良好的习惯，父母就应该率先做好榜样，在任何时候做事都不要拖沓，让孩子从小就明白“今日事，今日毕”的道理。在某些时候，孩子本来就喜欢模仿父母的言行，如果父母能够以身作则，孩子就会意识到做事拖沓是不对的，进而有了时间的意识。

2.培养孩子“今日事，今日毕”的习惯

在日常生活中，父母要有意识地培养孩子做事不拖沓的习惯。比如，当孩子独立写作业的时候，适当地限制时间，让孩子在规定的时间内写完作业，这样就会提高孩子的学习效率，也可以令其按时完成作业，不至于拖沓。

父母要有计划地安排孩子一天的事情，比如到了假期，给孩子布置一定的作业，再给予一些自由支配的时间，但是，要告诉孩子“今天的事情必须做完，明天还会有明天的事情要做”，而且必须在做完事情的情况下才能自由支配时间，让孩子学会克制自己的惰性，克制自己想玩耍的心理，努力养成一个好的习惯。

心理启示

金钱能够储蓄，而时间不能储蓄。金钱可以从别人那里借，而时间不能借。人生这个银行里还剩下多少时间谁也无从知道。因此，时间比金钱更重要。所以，在教育孩子的时候，一定要告诉他们：今日事，今日毕。让孩子从小就养成今天的事情今天做完的习惯。

时间计划：让孩子利用一切可用的时间

父母应当引导孩子养成这样一种思维和习惯：马上行动，拒绝拖沓。不给自己留后路，不要安慰自己“以后还会有机会”“时间还比较充裕”。在制定好了计划之后就没有了退路，唯一的选择就是马上行动。只有马上行动，才能让自己保持较高的热情和斗志，提高办事的效率。而拖沓只会消耗一个人的热情和斗志，拖沓之后再想让疲惫的心态鼓起斗志是比较困难的。成功就是马上付诸行动，时间就是生命，时间就是效率，时间就是金钱，拖沓一分钟，就浪费一分钟，只有马上行动才能挤出比别人更多的时间，比别人提前抓住机遇。

阿尔伯特·哈伯德出生于美国伊利诺伊州的布鲁明顿，父亲既是农场主又是乡村医生。年轻时的哈伯德曾在巴夫洛公司上班，是一名很成功的肥皂销售商，但是，他却对此感到不满足。1892年，哈伯德放弃了自己的事业进入了哈佛大学，然后，他又辍学开始到英国徒步旅行，不久之后，哈伯德在伦敦遇到了威廉·莫瑞斯，并喜欢上了莫瑞斯的艺术与手工业出版社。

哈伯德回到美国，他试图找到一家出版社来出版自己的那套自传体丛书《短暂的旅行》，但是，他没有找到任何一家出版社愿意这么做。于是，他决定自己来出版这套书，他创建了罗依科罗斯特出版社，哈伯德的书出版之后，成为了既高产又畅销的作家。随着出版社规模的不断扩大，人们纷纷慕名而来拜访哈伯德；最初游客会在周围的四周住宿，但随着人越来越多，周围的住宿设施已经无法容纳更多的人了，哈伯德特地盖了一座旅馆。在装修旅馆时，哈伯德让工人做了一种简单的直线型家具，而这种家具受到了游客们的喜欢，哈伯德开始了家具创造业。哈伯德公司的业务蒸蒸日上，同时，出版社出版了《菲士利人》和《兄弟》两份月刊，而随后《致加西亚的信》的出版使哈伯德的影响力达到了顶峰。

在行动之前总是要给自己留下一个合理的期限，没有期限的行动往往是无效的行动或效率很低的。期限的存在会有一个时间约束，能让你提醒自己：必须马上行动，否则在约定时间期限内完不成计划行动。判断一个人能否成功，

可以看看他走路的速度和力度，速度快、力度强的人是沉稳而又干练的人，这种人成功的概率比较大，而拖沓者的脚步始终是慢三拍。

父母应该注重孩子在做事效率上的教育，比如避免孩子养成拖沓的习惯。年幼的孩子没有时间管理的概念，他们只是做自己喜欢做的事情，不过又担心父母的责备，于是他们就会做事拖沓，而拖沓带来的结果是父母会负责做他们不喜欢做的事情。

在平时的生活中，我们经常会看到孩子在画画或写字的时候，无奈地在纸上乱涂乱画，一副心不在焉的样子，而父母则在旁边催促，甚至开始责备孩子。而孩子在父母的责备声中速度越来越慢，甚至干脆不再继续学习了。

孩子为什么会这样做呢？

可能孩子对这个活动并不感兴趣，许多父母并不了解孩子，他们对孩子的兴趣点不关注，所以经常会让孩子做一些他不感兴趣的事情，时间长了，为了敷衍父母，孩子就养成做事拖沓的习惯。

可能孩子并不知道什么是浪费时间，父母比较关注孩子知识方面的学习，却忽视了对孩子学习习惯、生活细节的培养，孩子没有时间观念，不懂如何珍惜时间，时间长了，自然就养成了浪费时间的坏习惯。

1.尊重孩子的兴趣选择

父母需要耐心点，多观察孩子的兴趣和爱好，适当满足孩子的合理需求。比如，孩子对画画很感兴趣，不过不喜欢看书，那父母可以投其所好，鼓励孩子画画，或让孩子以创意涂鸦、剪贴等方式来制作动画书、汽车书、动物书等个性图画书来满足孩子的需要，以此激发他的阅读兴趣。

2.让孩子参与时间的制定

父母不应该将自己的想法和规则强加在孩子身上，而是需要将孩子看作一个独立的个体，和他一起商量制定适合的时间计划表。只有这样孩子才能在平等民主的氛围下有一种参与感，体验到父母对他的尊重。而且，这样的时间计划表是真正意义上孩子自己制定的时间表，他们会更愿意去接受。

3.清除阻碍行动的理由

父母需要清除阻碍孩子行动的理由，假如孩子决定今天晚上就开始行动，那就不要在乎是否会停电，是否中午时没休息好，是否会有其他分心的事情，毕竟类似这样的理由每天都可能出现，要想马上行动就必须清除这些理由。

4.化繁为简

对于立即行动的事情，可能计划很多，具体实施起来很烦琐。父母需要做的就是让孩子知道什么事情是现在可以做的，什么事情是下一步接着做的。假如孩子明确了马上可以做什么不可以做什么，他的行动就会比较容易开始了。

5.抓紧一切时间

或许孩子抽不出足够的时间来完成一件事情，不过总会有那些零散的时间，这些都可以让孩子有机会去行动。不要让孩子等到万事俱备才去行动，而应让他们随时准备行动。

6.及时鼓励孩子

孩子一旦开始行动，他的忧虑就会大大地减轻，从而变得自信满满，当孩子的行动有所成就的时候，父母应该及时鼓励，让孩子感到喜悦。不过也需要注意，鼓励是一定程度上的，不能变成盲目的夸奖，否则会助长孩子的虚荣心，让孩子目空一切，而这不利于孩子的成长。

心理启示

一个人成就的大小取决于他做事情的习惯，克服拖沓是做事情的一个重要技巧。要想孩子在学习和生活上有所成就，就应该培养其做事不拖沓的习惯，通过慢慢学习“立即行动”，不断地重复，待孩子养成这个习惯，那“完成目标，马上行动”就会成为一件自然而然的事情。

时间分配：引导孩子合理利用时间

在平时的生活中，我们经常会看到：父母一再催促孩子干这干那，孩子却不磨蹭到最后一秒钟就根本完不成任务。于是，父母们开始担心了，自己明明对孩子三令五申要珍惜时间，为什么孩子还会如此磨蹭呢？

实际上，从孩子上学开始，他们就慢慢对时间有了感觉，在孩子还小的时候，父母就需要让孩子逐渐养成重视时间的良好意识和管理时间的良好习惯。孩子们进行时间管理，实际上是自我管理的一部分，就好像成年人的自律一样；但是，在孩子还小的时候，几乎都是由父母告诉他们什么不能做，什么能做，该怎么做，由此来构成孩子对这个世界的认识。而随着孩子年龄的增长，了解了更多的信息之后，他们的自我意识会逐步增强，他们有了自己的想法，慢慢地就不爱听父母的话了。

在对孩子时间管理的教育上，聪明的父母是这样说的："我会先计算出他所拥有的时间，然后把它分为两部分：学习时间和闲暇时间，让孩子对时间有一个清晰的概念，再列出学习时间要完成的任务和要达成的目标，然后把学习任务进行时间分配。计划表完成之后，双方签字认可。孩子基本上能够在学习时间内集中精力完成学习任务，而闲暇时间只要不违背原则，我都鼓励他自己安排喜欢的活动，比如培养他阅读、绘画、听音乐等兴趣爱好，不过对他并没有太多的要求，只是作为他的个人才艺修养，让孩子的人生体验更丰富。"

在对孩子时间管理的教育上方法很多，具体来说：

1.培养孩子自我管理的约束力和意志力

在孩子的不同年龄阶段，需要发掘和锻炼孩子自我管理的约束力和意志力。

0~3岁，这属于孩子的幼年时期，需要父母仔细观察，观察他们的生物节律为他们建立一些起床吃饭睡觉的规则，经常对孩子说：七点钟了，宝宝该起床了。诸如此类的话，可以潜移默化地影响孩子对时间的认知。

3~6岁，在这一时期孩子逐步对外界事物有了一定的认识，父母需要重点培养孩子良好的生活习惯和独立性，比如按时吃饭、作息、去幼儿园，学会自己穿衣服和整理玩具等，告诉孩子做事情之前需要思考，比如穿衣服要穿袜子，那在打开衣柜拿衣服和袜子时就会节省时间。

7~12岁，这一时期父母可以对孩子进行必要的时间训练，陪孩子制定读书计划或学习表。假如发现孩子写作业拖沓，则要反省是否给孩子的学习负担太重；假如孩子在这时感到作业永远写不完，那就会让孩子产生能拖则拖的厌学情绪。

13~16岁，在这一时期是孩子完成从他律到自律的重要转折期，父母可以尝试放手让孩子自己去规划、安排时间。假如效果不理想，父母则可以记录一下真正的问题以及盲点，假如孩子看电视或上网的时间太多，那就让孩子慢慢改善；假如孩子读书效果不理想，那就需要考虑让孩子改变读书方法。

2.教会孩子认识时间

需要让孩子对时间有个基本认识，了解过去的时间是不能回来的，并对昨天、今天、明天等不同的时间概念有大致的了解。还可以慢慢地教孩子认识时钟，让他们对每天的时间有个大概的认识，同时还可以告诉他们每天什么时候该吃饭，什么时候该睡觉，什么时候该起床和上学等，这样他们就会对人们每天的作息时间有初步的了解。

当父母和孩子一起做游戏或玩耍的时候，可以一次约定一个时间段，这样可以让他们慢慢认识到一分钟可以做些什么事情，十分钟又可以做些什么事情，一个小时可以做些什么事情。时间长了，孩子们就会珍惜时间，并意识到失去的时间是不能找回来的。

3.让孩子有自律的意识

当孩子对时间有了一定的认识之后，我们就可以慢慢培养孩子在时间上的自律意识。在日常生活中，父母常常和孩子约定做一件事情，比如玩游戏，可以约定从什么时间开始，玩到什么时间结束。在约定的时间过程中，可以让孩子自己当裁判，亲自下令开始和结束，比如看电视的时候，可以先让孩子先决定看多长时间，然后自己监督自己，假如超过时间则由父母监督。

4.纠正孩子的拖拉习惯

孩子总喜欢拖拉、磨蹭，这也是让许多父母头疼的问题。实际上，孩子喜欢拖拉的一个重要原因是缺乏时间观念和自律意识。当孩子开始做一件事情的时候，不但要让孩子认真做，而且要让孩子自己估测完成时间。让孩子知道时间都是自己的，当事情认真完成以后，剩下的就是自由支配的时间，可另行安排。孩子一旦成为了时间的主人，就会提高做事的效率，从而慢慢地改掉做事拖拉的习惯。

5.培养孩子的时间管理能力

父母需要让孩子知道，事情有轻重缓急，要先做重要的事情，而且还要学会合理安排自己的时间。例如，有作业的时候，作业比玩要更重要，那时间安排就是先回到家写作业，完成以后再玩。孩子稍微大一些，父母可以教孩子制作时间清单，把自己每天的时间进行合理安排，教孩子制定计划，比如周末怎么样安排，每个月想要完成的事情等。

心理启示

时间管理对于每个人来说都是十分重要的，善于管理时间的人，总是能高效地完成任务，并取得良好的成绩。一个高效的人，也一定是具有时间观念，而且善于合理安排时间的人。父母应该深知时间管理的重要性，比如分配好工作和管孩子的时间，这样就不会手忙脚乱。

第15章 理财教育——从小就给孩子一个存钱罐

世界上最令人折服的是犹太人惊人的财富和赚钱能力，而这与他们小时候所受的独特的家庭理财教育有着很大的关系。然而，对中国孩子而言，理财教育并非是一股先进的潮流，甚至许多父母根本没有理财教育这个概念。

理财启蒙：引导孩子正确认识金钱

虽说金钱是世俗的上帝，但世俗的上帝要比精神的上帝实在得多。金钱无所谓高低贵贱之分，没有善恶之别，如果一定要说有什么区别，那就是使用者的好恶了。金钱在善意的人手中，就会生钱，而且会被用到正确的地方；金钱如果在恶人的手中，那么把它从这些恶人的手中赚回来，钱就会再次变为“好钱”，这也算是做了一件善事。

从思想角度主观地对钱的性质进行定义是非常愚蠢的行为，同时也是一种无效的行为，因为金钱并无善恶好坏之分，只是用它的人不同而已。有人说“人有钱就会变坏”，但使人变坏的并不是金钱，而是人的贪婪，贪婪是使人变坏的最根本原因。如果一个人心境是好的，那么再多的钱也不会使他变坏。只有贪婪的人才会在金钱面前变坏，为了拥有更多的钱，他们会不择手段。金钱的使用是分善恶的，既可以用钱去倒卖军火、贩卖人口，也可以用钱去建造学校、医院，怎么用钱，将钱的价值最大程度地发挥出来，就取决于持有金钱的人的态度了。

或许，批评金钱的人经常批评有钱人的自私，但不能否认的是，金钱的确是推动世界前进的动力。人们对金钱的追求简单而又实用，他们知道，钱可以为他们带来很多他们想拥有的东西，所以他们不会停止追逐金钱的脚步。

在教育孩子时，父母应有意识地引导孩子正确认识金钱：

1.钱是怎么来的

应该让孩子知道金钱的来源。父母必须要让孩子懂得金钱是用劳动换来的，比如带着孩子在大街上走着，引导孩子注意交警进行交通指挥、小商户叫卖东西、出租车司机开车等劳动形式，告诉孩子这些人都是在工作，只有付出了劳动，才能获得金钱的报酬。父母可以让孩子了解自己的工作内容、工作方式等，适当的情况下可以让孩子参加一些劳动。

2.钱有什么作用

需要让孩子知道金钱的作用，让孩子比较浅显地理解“钱不是万能的，没有钱是万万不行的”这个道理。父母可以从平时的家庭经济活动中，比如买衣服、买菜等，告诉孩子有了金钱可以满足自己的日常生活所需，有了钱，可以有更高层次的消费；还可以用钱帮助别人，比如捐款给希望工程等；还可以带孩子参加一些捐款活动，利用这样的机会引导孩子正确认识金钱。

3.正确使用金钱

父母应该引导孩子正确地使用金钱，合理地、有计划地消费。在中国，独生子女比较多，父母给孩子的零花钱也比较多。父母应该让孩子意识到，对于钱不能过分贪求，但也不应该一分钱都不用，应该合理消费，每一分钱都是一个教育，父母适当给孩子一些零用钱，让孩子学会正确地用钱，教育孩子钱要用在必要的地方，花得有意义。

比如引导孩子用钱来买文具、买书，父母还可以给孩子讲讲那些偏远山区孩子的故事，让孩子明白并不是每个人都可以上学，有的孩子没有父母，也没有漂亮的衣服。让孩子懂得关心他人，鼓励孩子把零用钱捐给灾区的小朋友，或是在长辈过生日时买份礼物，这样可以让孩子从合理消费中体味到乐趣。

心理启示

父母一定要注重自己的表率作用，在教育孩子的同时，要严格要求自己，

做到合理消费，这样才能让孩子更深刻地认识到合理消费的重要性，假如父母言行之一，那这样的教育效果是会带来不良影响的。

理财智慧：培养孩子敏锐的眼光

精明的商人之所以能不断赚取越来越多的钱财，不是因为他们多能吃苦、多努力，而是因为他们精明的头脑，能让智慧不断从脑袋中蹦出来，变成实实在在的钱，并赚取更多的钱。商人之所以会有无数赚钱的想法，是因为他们善于动脑，能在别人习以为常的地方看到无限商机，并用自己的聪明才智将它变为切实可行的赚钱方案。

20世纪90年代后期，一个商人到中国一家服装厂参观，工厂的老板负责陪同。在参观过程中，老板滔滔不绝地向商人讲述工厂的历史和文化，以及工厂的经营状况。这时，商人在一个女工的工作台前停住了，他问老板：“这些女工平均每小时的工资是多少？”老板立刻愣住了，他思考了一下，说：“这……她们每月的薪水是850元人民币，每个月工作25天，每大就是34元，一天工作8小时……”老板还没有算清楚时薪，商人却说：“啊，每小时0.5美元。现在人民币对美元的汇率是8.5∶1。”

犹太人不仅知识渊博，而且为了能够验证脑中的赚钱方式是否有效，商人在经商之前一般都要进行心算能力训练，这样就能在很短的时间内算出自己做某件事情有多少利润，到底能不能挣钱。商人为了想到更多的赚钱方法，经常运用一切的方式，哪怕是让自己入乡随俗，学习另外一个民族的文化，或接受另一个民族的传统。他们经常在熟悉了异族文化后，再仔细思考出真正有利于自己赚钱的想法。

在教育孩子的时候，需要注重头脑知识的武装，因为这才是孩子一生的财富。

1.让孩子学会精打细算

有这样一个商人：一个修鞋匠在他的房产附近支了一个小鞋摊，他也要每个月收人家五块钱的租金；别人都是按阳历来收房租，而他却是按阴历来收，因为他发现阴历每个月只有29天或30天，每三年有一个闰月，这样，他就可以平白无故地多收一个月的房租。就这样，短短几年的时间里，他赚取了大量的财富。

当然，让孩子学会精打细算并非要孩子吝啬，不愿意花钱，而是懂得把钱花在关键之外，而省去一些不必要的开销。同时还要教育孩子多注意观察生活，说不定商机都隐藏在里面，只是需要我们发现和加以利用。

2.不要占据太多的休息时间去赚钱

商人的赚钱头脑不仅体现在事业上，更体现在他们的休息时间上。他们不会占用自己的休息时间去赚钱，因为如果休息时间被占据，他们的寿命就会减少；而不占用休息时间，他们的寿命就会延长，这样他们就有更多的时间去赚钱。延长寿命赚的钱要比他们加班赚的钱多，于是他们不会为了赚点加班费而占用自己的休息时间。为了让自己头脑中的赚钱想法越来越多地变成现实中的钱，他们是不会透支自己的身体的。有了好身体，自己头脑中的钱才会源源不断地变出来；没有身体的保障，一切都是零。

父母需要告诉孩子，身体健康才是革命的本钱。不仅需要学会赚钱，同时还需要注意休息，假如因为赚钱而把身体累垮了，那是得不偿失的。所以，从小就要教育孩子懂得珍惜自己的身体，该休息时则休息，不要疲于拼命地去赚钱。

3.引导孩子拓展人脉网

精明的商人在很早以前就认识到人缘在事业上的推力，所以他们才会不惜血本，构建自己的人际关系网。正是这个人际关系网，在他们最为关键的时候，给他们带来巨大的经济效益。人缘的功效不是立竿见影的，而是一种厚积薄发、左右逢源的人际渠道。

父母需要引导孩子拓展人脉，多交朋友，平时与自己一起赚钱的小伙伴需要经常联系，以免有合作的机会。虽然，在赚钱上，不建议多人合伙，但是对

于小孩子而言，还是可以找人合作，毕竟他们年龄还小，可能考虑一些东西时会不够周全。

犹太商人一般知识比较渊博，这使他们能在适当的时候发现最佳的商机。如果知识储备不够，即使商机近在眼前，也会视若无睹。所以，为了让头脑中有更多赚钱的思想和观点，同时有更多的赚钱渠道，他们经常会读很多书，他们每年的人均读书量是世界上最多的。

理财基本：让孩子经营自己的长处

古代有一个习俗，那就是父亲必须教给孩子一技之长，以便孩子长大以后可以自力更生。当今世界上，拥有一技之长的人，是行走于各处都不会失业的人。律师、医生、教师等都是拥有一技之长的人。拥有一技之长，你就在某方面知道得比别人多，技术比别人精湛，只有这样，才能在社会上有一席之地。现在的世界竞争尤为激烈，拥有一技之长已经成为安身立命之本。

几乎所有有成就的人都有一技之长，他们会在自己精通的领域里做出一番成就。这与他们从小受的教育有关。因为父母会在孩子很小的时候，就向他们灌输一些谋生的知识，孩子在十三四岁的时候，几乎已经可以自立谋生了。他们从小就懂得要想以后多赚钱，必须要有自己的独特之处的道理，只有这样，以后才能成就一番事业。

梅耶·罗斯柴尔德出生于一个备受歧视的犹太人居住区，在梅耶10岁的时候，他父亲便开始向他传授做生意的方法，梅耶不但从父亲那里学到了赚钱的技巧，还培养了对古钱币和古董的兴趣。他十分起劲地收集中东、俄国以及欧

洲的古旧钱币，加以整理出售。终于有一天，他得到了向一位将军兜售古钱币的机会，他把收集到的古钱币统统拿出来给将军和他的朋友看，并侃侃而谈每一枚钱币的来历和典故。尽管他年仅20岁，可他渊博的知识和幽默的谈吐，吸引了每一个人。当时他就在想，这是一次千载难逢的机会。于是，他针对顾客处于上流阶层这一特点，为古钱币生意开辟了一条独特的途径，并下功夫造了一个一般商人无法做到的噱头：他将古钱币以邮购的方式推销给各地的皇亲贵族，还把稀罕奇珍的古币图片做成精美的画册，并附上亲笔信，寄给那些想买的顾客。一天，他得到当地的领主比海姆公爵的召见，一直等候的梅耶，便以几乎是以赠送的价格，不惜血本地卖给公爵他珍藏的珍贵的古代徽章和钱币。

梅耶十分清楚，要想在这个犹太人备受歧视的社会里脱颖而出，接近手握大权的领主并博得其欢心是最有效的手段。于是，他利用这次机会博得了领主的欢心，同时还帮助公爵收集一些古钱币，极力帮助公爵赚钱。就这样，他不仅赢得了领主的信任，还与其建立了深厚的关系，同时他也获得了丰厚的收益。这种做法后来成为罗斯柴尔德家族的一种基本策略被延续了下来。在梅耶25岁那年，他获得了“宫廷御用商人”的头衔；在他45岁那年，法国大革命爆发，比海姆公爵做起了军火生意，于是梅耶借着公爵的威望和便利牟取了暴利，为罗斯柴尔德家族奠定了不可动摇的根基。后来，他的家族在100多年中积累了4亿英镑的惊人财富。

梅耶正是凭借自己的一技之长成就了罗斯柴尔德家族的今天，他的一技之长为他以后的事业打下了坚实的基础，使他在一个犹太人备受蹂躏的社会里依然能创造出骄人的成绩。

拥有一技之长是赚取财富的钥匙。由于遗传因素、环境因素和所受的教育不同，孩子们的特长也是各不所同的，有的想象力比较丰富，有的逻辑思维能力强，有的喜欢歌舞，有的喜欢运动。父母需要了解孩子的情况，只要他的兴趣爱好是积极健康的，就应该大力支持，保证其特长的锻炼时间和必要的物质条件，及时了解孩子的活动情况，注意发展的目标和方向。

不过，许多父母在认识上有了偏差，对孩子特长的教育进入了几个误区：

把孩子送到特长班学习，这对于很多孩子来说是勉为其难的，报名参加特长班学习完全是父母的一厢情愿。假如孩子对所学的内容缺乏兴趣，不仅收不到应有的效果，反而会阻碍孩子情商和智商的正常发展。对于孩子的兴趣和爱好，父母要注意引导，激发孩子的学习兴趣和学习欲望；不过许多父母并没有做到这一点，当孩子对学习某种特长感到厌烦的时候，父母不是引导，而是采取强迫的办法逼着孩子去学。

1.父母需要有正确的认识

孩子教育的内容是比较广泛的，包括知识教育、品德教育以及技能教育等多个部分，特长教育不过是技能教育其中的一个组成部分，父母不宜看得过分重要，可以将其看成是对学校教育的补充，在孩子力所能及的情况下进行，否则可能产生不良的后果。

2.父母的教育方法要正确

特长教育不同于学校教育，特长教育主要是培养孩子对某些技能学习的兴趣和欲望，所以在教育过程中应有张有弛，松紧有致，给予孩子足够的自由活动时间，让孩子在玩中学习，在学习中玩，这样才能起到很好的教育作用。

3.培养孩子的特长应适度

一技之长是敲开财富大门的钥匙。这里所指的是一技之长，是有着专业的精湛的技能，而非滥竽充数。对孩子的兴趣，选择适当的特长培训班，而非滥学。特长并非越多越好，只要专门钻研一门技能就够了。当然，特长教育并非越早越好，在正确的时间选择正确的特长教育才是合适的。

心理启示

一个孩子所取得的某项突出成绩，往往与他的特长有密切关系，特长的灵感常常促使一个人在事业上获得重大突破。所以，父母在鼓励孩子全面发展的同时，还需要注意孩子特长的培养和发展，一味要孩子放弃自己的兴趣爱好、埋头读书的做法是不恰当的。

理财技巧：教会孩子理财的方法

俗话说“赚钱不难，花钱不易。”确实如此，行行可赚钱，只要做得好，赚钱不是难事。但是会赚钱的人却不一定会花钱，只有会理财的人，才能将自己的钱花得恰如其分，同时又能更有动力和信心去赚取更多的钱。赚钱重要，理财更重要，理财的成败，直接决定着自己事业的成败，会理财就是会赚钱。

理财就是管好、用好钱财，使其发挥最大的效用。理财的目的是用钱赚更多的钱，用余钱进行投资，使之产生最佳的效益，也就是用钱生钱。此外，理财还是为了从财务的角度进行人生规划，利用现有的经济条件，最大限度地提高自己的人力资源价值，为职业发展做准备。

理财的第一法则是要有理财的意识。比如，我怎样才能在这家公司里更有价值？我怎样才能在短时间内创造更大的价值？什么方法可使公司在竞争中更有优势？

理财的第二法则就是不要让自己的支出超过收入。否则，不管自己有多少钱，也无法存下来。

理财的第三个法则是不断地增加你的财富。如果你想加快自己致富的速度，就用自己以前赚的利润再进行投资，而不是将其花掉。这样做就能让自己的钱利滚利，钱就会成倍地增长。

理财的第四个法则是保护你的财产。有些人有钱以后，就会对自己的财产越来越不放心。因为人一旦有了钱，各种各样的控诉也会跟着涌来。其实这没什么好担心的，“是福不是祸，是祸躲不过”，只要现在还没有官司缠身，就赶紧将自己的钱袋捂起来，赶紧用合法的渠道将你的财产保护起来吧。

理财的第五个法则是懂得享受财富，懂得享受生活。挣钱的目的就是享受生活，所以我们可以经常犒劳一下自己，让自己有动力去赚取更多的财富。如果经常出其不意地给自己制造一些小奖励，会让自己对理财更有信心。

人们经常将理财看得和赚钱一样重要，甚至更甚于后者。无论赚多少钱，如果没有好的理财观念和方式，再多的钱到最后也会被挥霍一空。好的理财方

式会让自己的钱越来越多，这样的理财方式不仅能为自己积累未来的财富，还能为自己退休以后的生活打好经济基础。

花钱需要自有一套方法，现在被大家推崇的“信封法”：这种方法是指每个月领到薪水的时候，先准备用来储蓄和投资的钱，放入第一个信封，这笔钱是不能动的，因为这是未来的钱。第二个信封里放伙食费，用于本月的伙食开支，严格控制开销。第三个信封命名为文化生活和社会交际，里面的钱先用于保证必要的人情往来和应酬，剩下的就是犒劳自己的花费，买些书或者看场电影……当然，信封只是个形式，关键还是自己的理财意识，不管是孩子上学的花费还是妻子的化妆品钱、丈夫的酒钱，都不能动用用来投资的钱。

在教育孩子理财方面，父母应该这样做：

1.训练孩子有计划地花钱

现代社会的孩子大部分是短暂快感的追求者，通常的家庭是父母给多少孩子就花多少，花没了再找大人要。结果孩子是钱越花越多，越觉得不够花，花起钱来更是没有节制。因此，孩子使用零花钱的计划性也比较重要，父母可以提出原则，具体内容由孩子负责，父母不要直接干涉，不过需要监督、检查。教孩子使用零花钱是让孩子学会怎么样预算、节约和自己作出消费决定的重要手段，这样做可以防止孩子乱花钱，同时还能培养孩子把钱用在关键之处的好习惯。

2.零花钱的数额需要有所限制

不管孩子的年龄多大，家庭经济条件怎么样，为孩子花钱都不能没有节制，父母给孩子零用钱不要心中无数、没有计划。零花钱的多少需要有个限制，按照孩子的年龄以及一周的消费预算来确定。比如买零食、日常必需的开销、午餐、车费和买学习必需品的费用，适当增长一些额外的钱以防万一。对于孩子过年时所领取到的零花钱，数额会超出孩子平时零用的金额，父母可以建议孩子将钱存入银行，避免孩子无节制地使用。

3.示范性理智购物

父母给孩子买东西，可以带着孩子一起去，最后通过货比三家，教会孩子买到物美价廉的东西。当然，在这个过程中，父母可以告诉孩子这其中的差价

成为可储值的盈利的证据。对于年龄稍大一点的孩子，这样的示范购物可以让他们在自己支配零花钱时更节约。

4.让孩子可以适当开支自己的生活

许多孩子生活在一个非现实的经济世界，因为家里有许多的生活开支没有让他们承担。而等到他们长大之后，他们不得不自己付房租、水电费、买食物和衣服以及交通费，这时他们会因缺少经验而束手无策。对此，父母可以让年龄大一点的孩子为自己买日用品，为家里买菜、交电话费等。父母还可以翻开账簿，告诉孩子家里的钱是怎么花的，帮助孩子了解该怎么样管理家里的财政大权。

心理启示

要想管理好自己的钱财，一定要控制自己的花销。犹太商人的理财意识给我们上了一堂理财课，他们节俭的精神，他们投资未来的毅力和恒心，值得我们每位父母和孩子学习。不管孩子多小，只要好好引导，他在花钱与储蓄方面也会有所进步。

理财意识：让孩子学会勤俭节约

勤俭节约对孩子而言，非常重要。吝啬在有的时候和节约一样，是一种优秀的品质。不管是富裕还是贫穷，我们应始终将节俭作为生活的主旋律。越是富有的商人，对于钱财的使用越是斤斤计较。在商场上，他们经常抱着这样的信念：即使是一元钱也要积极地将其赚到手。因为他们知道财富就是一点一滴地慢慢积累起来的。商人在商界更是将节俭和吝啬的特点表现得淋漓尽致，他们认为斤斤计较和吝啬是对他们精明投资的最佳褒扬。

从前有个工匠的手艺很好，做出来的东西不但精巧而且非常耐用，所以他的生意一直很好，赚的钱也不少。可是，这个工匠好吃好穿，非常讲究排场，虽然他赚的钱不少，但是始终不够花。工匠的邻居是个大富翁，据说曾经很穷，但是不知道怎么回事，渐渐地就富了起来。工匠非常不解，于是就去向富翁请教，富翁正在家里补衣服，虽然衣服很旧，但是富翁还是要将它补好。工匠很不明白，就问他："你这么有钱，为什么不给自己买些好衣服呢？这样你也比较有面子啊！"富翁告诉他："我不会将钱用在装点面子上，我会把钱用在更合适的地方。"这时候，工匠终于明白邻居富裕的原因了。

金钱容易流失，任何人对待金钱都应该特别慎重，否则就会损失金钱。聪明的商人对待金钱更是小心谨慎，他们在宴请宾客的时候，以吃饱吃好为主要目的，不会讲究排场乱开支。在生活中，他们不会一下子将手里的钱全部花光，让自己两手空空。一个不懂得节省开销的商人不是一个成功的商人。

对父母而言，如何通过日常生活灌输给孩子一些理财意识呢？

1.父母要坚持两个原则

许多父母认为现在家庭条件好了，满足孩子一些额外的物质需求也没什么。不过需要注意的是，孩子对物质的需求会越来越高，一味地满足，不利于孩子培养正确的金钱观和消费观。犹太父母认为，对孩子提出的物质要求，父母需要坚持两个原则：一是不合理的物质需求不能满足；二是对孩子的学习用品和生活用品首先注重实用性，而不是装饰和外在。第一个原则有利于孩子形成节约用钱的意识，第二个原则可以帮助孩子形成正确的消费观。

2.营造勤俭节约的家庭氛围

在平时的生活中，父母要以自己的勤俭节约行为影响孩子，用自己朴素的生活作风感染孩子，比如将洗衣服的水留下来冲厕所，爱惜家庭小物品，小心存放不用的东西，等等。

3.引导孩子理解节约的价值

父母可以用勤俭节约的故事教育孩子，让孩子知道节约是美德，同时也是生活的必需。同时，在平时的生活中，父母要赞赏节约的行为，批评奢侈浪

费。父母可以让孩子理解生活的艰难，理解人在生活中难免会遇到各种困难，而勤俭节约可以做到有备无患，并且还可以帮助别人渡过难关。

心理启示

只有爱惜金钱，它才会乖乖地跑进你的口袋里。犹太商人就是这样既会赚钱又懂得珍惜钱。正是因为他们的吝啬，他们才能成为世界上的金融巨头。犹太商人能够在商界独霸四方，与他们这种节俭和吝啬不无关系。父母和孩子都应该学习这种节约的精神，也许这就是孩子未来成功的砝码。

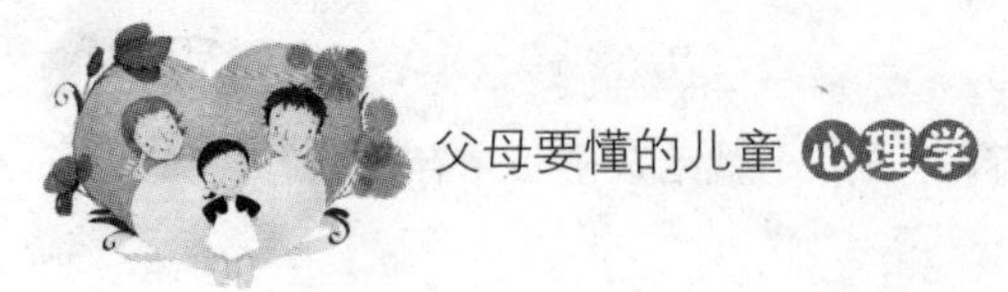

第16章 两性教育——孩子不同时期必要的性教育

性是人生中不可回避的问题，现在孩子的性早熟和青少年性犯罪的增多，引起了人们的普遍关注。如何科学地对孩子进行性教育，是关系孩子身心健康成长的一个关键问题，父母必须认真对待。

父爱缺失，引导女儿性教育

在孩子的成长过程中，母亲对3岁前的孩子最重要，而父亲在3岁后开始发挥作用。3~5岁是成长中的“恋母情结”和“恋父情结”阶段。在这个阶段，父母需要操很多的心，比如爸爸要给予女儿足够的亲近来满足“性依恋”的心灵需要，鼓励孩子与父母相处，营造和谐的家庭氛围。

小樱今年8岁多，正在上三年级，由于妈妈和爸爸从结婚到小樱5岁之前一直都是两地分居，那时候小樱大概一个星期才可以和爸爸相处一天。5岁之后到现在，由于爸爸工作原因，父女俩很少见面。

最近小樱的班主任向妈妈反映，孩子在学校里很喜欢男老师，有时候会玩得很疯，偶尔还会和那些男老师抱在一起，也非常喜欢和男同学一起玩。对于女同学，她则有些冷淡，不太喜欢与女同学一起玩。妈妈觉得这是小樱从小缺乏父爱造成的后果，现在该如何引导和开导小樱在这方面的举动呢?

通常父母对女孩的异性交往会操心一些，而案例中小樱与异性的交往行为有些异常，这确实令父母担忧。从性心理的发展阶段来看，3~5岁的孩子在与异性交往中确定自己的性别，6~12岁是性潜伏期，这一阶段前半期的特点是喜欢与异性交往和接触；后半期表现为排斥异性，只跟同性玩。案例中的小樱处

于喜欢与异性交往的阶段，这只是显示出孩子热情活泼的性格与父母眼里带性意识的亲热是不一样的。

在父亲缺席的情况下，怎么样让孩子的性心理健康发展呢？心理学家给予了这样一些建议。

1.加强父亲在孩子心里的位置

假如父亲工作确实比较忙，缺席了孩子的成长过程，那父亲的形象是不能缺的。母亲需要加强父亲在孩子心里的位置，比如在家里醒目的位置挂着父亲以及一家人亲密的照片，多与孩子说父亲的故事、父亲的优秀、父亲对他的思念和爱，等等。

2.让孩子与父亲定期联系

假如父亲远在外地，母亲需要想办法让孩子与父亲定期地联系。即便孩子还不会说话，也要引导孩子与父亲定期联系，比如打电话，引导孩子“跟爸爸说再见”“给爸爸一个飞吻”，让孩子明白还有爸爸在经常关心自己。

3.让孩子多接触家里其他年长的男性

假如父亲不经常回家，母亲可以请家里另外一个年长男性与女儿接触，比如舅舅、爷爷等，以此让男性的典范不因父亲的缺席而缺少。

4.不要强化孩子的行为

母亲不要强调孩子的行为不正确或有问题，假如给予孩子这样的判断，其实就是强化了孩子抱男老师的性意识，孩子就可能朝着母亲担心的方向走去。母亲对这个问题可以作适当引导，对孩子说：“听说你今天与男老师玩得很开心，你们都玩了些什么啊？这个老师是不是特别和蔼，你喜欢和他玩吗？”当孩子告诉你答案之后，母亲可以赞赏孩子是一个活泼开朗的孩子，所有人都喜欢和她一起玩。

心理启示

假如在孩子的成长过程中，父亲经常缺席，那孩子在3~5岁之间性依恋的

满足是不够的，不过这并不意味着可以判断孩子现在的性心理发生问题。假如父母用成年人带着性意识的眼光去看待孩子的异性交往，这是不恰当的。

性教育影响孩子一生

孩子从三四岁到上小学的这段时间，求知欲特别强，对身边的什么事情都想打破砂锅问到底。现在电视上大多有拥抱、接吻等的镜头，对于好问的孩子而言，可能会提出许多让父母难以回答的问题，诸如“孩子是从哪里来的”“避孕套是做什么的”等。

北京的一所大学对4个年级的学生进行了一次随机抽样调查，从影视作品、互联网、书报、杂志上获取性知识的占81%，而从父母那里获取的只占0.3%，实在少得可怜，约30%的母亲在女儿来月经之前没有告诉孩子月经是怎么回事和如何处理。很多父母没有性教育的经验，甚至自己就是性知识的“文盲”，当孩子问及性知识方面的问题时，他们扭扭捏捏，总是说些模棱两可、似是而非的话。即便是有性知识的家长，也不敢和孩子开展关于性知识的对话。

刘妈妈抱着儿子到朋友家里玩，儿子撒尿时，朋友急忙从床底下拿出了女儿小琳的小塑料便盆，接着淘气包的“小鸡”描绘出的细细的弧线。一会儿，小琳搂着妈妈的脖子，咬着耳朵悄悄地问：“小弟弟有‘小鸡’，我怎么没有？”朋友吃了一惊，然后微微地会心一笑，说：“小琳，因为你是女孩呀！”“妈妈，女孩为什么没有‘小鸡’呢？”小琳接着问，妈妈脸上似有愠色，说：“因为男孩和女孩不一样啊！”小琳没有得到确切的回答，睁着两只水汪汪的眼睛，幼稚的脸蛋上写满了期盼，问：“男孩和女孩为什么不一样！”妈妈有些生气地说：“你哪来这么多为什么啊？”

据新闻报道，英国多塞特郡普尔市一名13岁男孩和一名14岁女孩偷吃禁

果后，导致这名女孩怀上身孕，生下了腹中的胎儿，男孩因此13岁就当上了爸爸，一举成为英国最年轻的父亲之一。诸如此类的事例并不仅存在于英国，世界各地层出不穷的关于少年爸爸少女妈妈的新闻，震惊了世界。

中国父母在对孩子的性教育问题上有几个明显的误区：许多父母由于自己在成长过程中没有接受过性教育，因此他们按照自己的成长经验，认为孩子不需要性教育；父母对性的问题持回避以及排斥态度，他们担心说多了会诱导孩子，说少了又怕说不清楚；认为性教育是青春期教育；有的父母平时穿衣服不太注意，经常在家里穿着暴露，结果孩子耳濡目染，没有性别意识。

对于孩子的性教育，必须重视以下三个阶段：

1.幼儿期——适度引导

幼儿期指的是3~6岁的孩子，实际上性教育最早从两岁开始。在这一阶段，孩子喜欢玩一些“性游戏”，比如接吻、结婚、生孩子、抚摸生殖器官。假如父母看到这样的情况，不要觉得紧张，孩子玩这些游戏只是对生活中看到的事情进行模仿而已，也不要粗暴地打断他们。假如孩子发现抚摸别的部位，父母都不会在意，唯独抚摸这个部位，父母态度马上紧张起来，孩子就会故意、经常抚摸那个部位，以引起父母的注意。

这时父母可以想办法分散孩子的注意力，比如捉迷藏游戏，而不是故意去打断他们。对能听懂话的孩子，可以告诉他们身体的某些部位是不能让别人看或触摸的，比如胸部、生殖器官，同时也不能看或触摸别人的这些部位。父母要有耐心地向孩子灌输自我保护的观念，嘱咐孩子假如有人触摸了这些部位一定要告诉爸爸妈妈。

假如是3岁以上的孩子，可以跟父母分床睡。年龄再大些，假如条件允许的话，尽可能分房睡，以免父母过性生活时对孩子造成负面影响。即便不能分居，也应该挂个帘子。

2.儿童期

6~9岁的孩子正处于性欲的潜伏期，容易受他人或传媒影响，接触到一些有关性的不正确的信息，这时他们需要父母的帮助来了解性别角色。父母最佳的教育方式就是当电视里刚好出现亲热镜头或看到报纸上的小故事时，借机对孩子进行性教育。这时父母势必要成为孩子成长过程中最佳的性教育指导者，一旦孩子对性有了疑问，孩子第一个想到的就是请教父母，而不是问其他人。

这一阶段父母要改变传统思想，认真解答孩子提出的关于性的问题，赢得孩子的信任。一旦发现孩子接触黄色视频时，不要辱骂孩子，而是引导孩子阅读正确的性教育读物。

3.青春期

在孩子青春期，尽管学校会开设一些专门的课程，不过父母并不能对孩子的性教育就此停歇，反而需要更加上心，协助孩子度过青春期。进入青春期的年龄，女孩在10岁左右，男孩在12岁左右。

通常父母会对女孩比较注意，而容易忽视对男孩的关注，主要是因为女孩有青春期来临的明显标志，比如月经来潮，而男孩就不会那么明显了。不过男孩也会出现遗精、变声、长喉结等。父母需要注意的是，青春期男孩会开始有自慰的现象。

这一阶段，父母可以引导孩子通过别的方式，比如运动来释放能量，减少自慰的次数，不要给青春期的孩子穿太紧的衣服，比如牛仔裤，建议穿宽松的裤子。父母可以多给孩子拥抱、拍肩膀等动作，给孩子一些亲密的触碰，有助于减轻孩子因青春期身心变化而带来的焦虑。

心理启示

心理学家认为，性教育绝不是可有可无的，它的影响将伴随着孩子的一生，就好像弗洛伊德所说，你今天的状况和幼年有关。父母应该意识到儿童性教育的重要性，必须摒弃过去谈“性”色变的态度了，必须改排斥为循循善诱，即便尴尬，也不容回避这个重要的问题。

男孩性教育指导

大多数父母对于如何对孩子开展性教育充满困惑，觉得回答孩子相关问题时很尴尬，不知道如何解答。有心理学家表示，不能刻意回避孩子关于性的问题，建议父母在自然的状态下引导孩子学习性知识，同时，在幼儿园阶段就应该开始对小孩进行性教育。而想要改变目前性教育的窘境，最关键的是要改变老师和父母的观念。

卢妈妈近期为4岁儿子“我从哪里来”的问题所烦恼。妈妈之前跟他说，妈妈肚子里有个种子，长大了就成了你了。但他后来有一天跟我说，“妈妈，我的肚子里也有一颗种子。”搞得妈妈哭笑不得，不知道怎么给他解答这个问题。

一位妈妈对12岁儿子的遗精非常关注，每次儿子换下的内裤都要进行检查，发现内裤上的精液后还要向儿子询问是否遗精，结果让儿子非常不好意思，总是把自己的内裤藏起来，甚至就直接扔了。

家中的男孩子渐渐长大了，会慢慢发现自己和其他人的不同。父母要正确、大方地对待男孩子提出的问题，清楚明确地对孩子进行性教育的传播，对孩子进行正确的性道德教育。

1.父亲是男孩子性教育的最佳人选

在现实中，很多母亲越俎代庖，代替父亲与儿子交流遗精的话题，这是非常不合适的。而父亲借口工作太忙来回避对男孩的性教育，这是对孩子不负责任的表现。假如母亲对孩子遗精的事情非常关注，还询问孩子是否遗精，那母亲这样的行为严重侵犯了儿子的隐私，让儿子产生不被尊重的感受。母亲要明白儿子是一个男人，要保持与儿子的界限。

2.帮助男孩子建立正确的性别观

尽管一个人的性别在受精的一刹那就决定了，不过在心理层面上，性别的心理发展是从3岁到成年的这段时间。通常3岁左右的孩子，就会知道自己是男孩子还是女孩子，不过他们会好奇地问：为什么女孩要穿裙子、留长发，而男孩子要穿裤子、留短发？这是儿童性别心理发展的开始。在这个阶段，父母需要注意，让孩子懂得保护自己的身体，同时让孩子对身体的各个部位有大概的意象。

大多数都是独生子女的男孩，从小受到父母长辈的宠爱，他们喜欢待在家里玩电脑，习惯了跳跃式、非逻辑思维方式，不会考虑其他人的感受，容易变得自私冷漠。有的男孩子到了适婚年龄，心智依然不成熟，没有责任意识，担不起责任。所以，父母要培养孩子的性别意识，越早越好。

3.对男孩子进行性知识灌输

父母让孩子认识自己的身体，比如给孩子洗澡时，可以告诉他身体每个部位的名字以及功能，就好像做游戏一般。引导孩子不要在公众场合换衣服，可以找一个遮蔽的地方，因为身体的一些部分是隐私的，让孩子了解到自己的性别。

对于孩子提出的性问题，父母需要尽可能地用简单的语言告诉他，比如大方提到乳房、阴茎等字眼，就好像告诉孩子这是苹果一样。同时需要告诉孩子，这些部位是隐私的。父母需要端正自己的思想，才可以给孩子正确的引导。面对孩子的问题，父母只需要给一个直观的回答，不宜太详细，这样只会让孩子混乱。

心理启示

对孩子的早期性教育，关系到男孩身心是否健康成长，关系到家庭和社会的安定。隐私的概念应该是从开始进行性教育时就告诉孩子，父母要告诉孩子，生殖器官是人的隐私部位，在没有得到允许的情况下，其他人无权看或触摸这个部位。同时，父母需要通过非语言行为向孩子传递正面的信息，比如夫妻之间互相尊重、助人为乐等做事原则，这是对孩子最好的教育。

女孩性教育指导

许多父母在孩子的成长过程中都缺乏适当的性教育，如何对孩子尤其是女

孩子进行性教育，是每一位父母面临的问题。心理学家认为，给孩子正确的、适当的性教育，会让孩子更加自信地成长。

马太太5岁的女儿文文前不久在幼儿园尿裤子了，起因是她想像男孩一样“站着尿尿”。马太太回忆起女儿的这段趣事，忍俊不禁。“她回家问妈妈，为什么有的小朋友上厕所可以不用蹲下来”，妈妈一开始的回答是“因为他们有尿尿的器官，而你没有”，女儿就要求妈妈带她去超市里买一个。

后来，马太太和丈夫商量，应该用简单平实的语言告诉女儿，每个性别与生俱来的特征有哪些。“后来我只能跟她解释说，男孩站着尿尿，女孩蹲着尿尿；女孩可以穿裙子，男孩一般不穿裙子；大多数男生都不梳辫子。”不过，他们并不清楚，这样解释给孩子听，不知道孩子听得懂吗？

现代许多家庭对处于学龄前的女孩缺乏性保护，对女孩子的性教育更是只字不提。近年来，儿童遭到性侵害的案件屡有发生，特别是对女童私处的侵害。一次次血与泪的教训告诉父母们，要从小教育女孩子自我防范性侵害，学习保护自己的身体。

1.让女孩子知道哪些部位是“隐私”

在许多女童性侵害案件中，有许多是因为女童不懂得分辨隐私部分和性侵害行为，有些则是父母不懂得教育孩子，甚至有些父母对孩子形成“二次伤害”。所以，让女孩子及早了解性知识，懂得性安全，对保护自己十分重要。对于2~5岁的孩子，要教孩子正确对待私处，这个阶段的孩子已经进入性蕾期，可能会当众触碰自己的生殖器官或玩性游戏。

2.帮助女孩子鉴别各种触摸

父母在平时可以告诉孩子不同的触摸，告诉孩子哪些是好的触摸，哪些是不适当的或有害的触摸，还有不知道是好是坏的触摸。诸如好的触摸是父母的拥抱、亲吻，与小朋友手拉手；不适当的触摸是打、拍、踢，或触摸孩子的隐私部位。

同时告诉孩子谁可以触摸自己，谁不可以触摸自己。告诉孩子，只有父母或其他人照顾孩子给她洗澡的时候，可以清洗孩子的私处。

3.制定安全规则

父母可以与孩子一起制定安全规则，告诉孩子当身体的隐私部位受到某种不适当的触摸或被迫暴露于某种性侵犯时可以采取这三个办法：用十分肯定或重要的语气告诉对方“不要碰我”；尽快地离开；尽快将自己所经历的事情告诉自己最信任的一个成年人。

4.3岁后的女孩子最好独睡

3~6岁是孩子的俄狄浦斯期，女孩子会对父母的关系、两性之间的问题比较敏感。孩子3岁以后最好与父母分床睡，不过什么时候分房睡，需要依据孩子的实际能力决定。父母可以为孩子布置舒适的环境，准备一些洋娃娃，让孩子感受到安静与温暖。不过这并不需要急于求成，假如没有良好的过渡期，反而会让孩子对独睡产生恐惧。

5.别把女孩打扮成男孩

有的父母给男孩穿裙子，把女孩打扮成男孩。孰料，孩子会对自己的性别认知产生障碍，甚至造成“易性癖”。孩子长大之后，容易陷入同性恋的性心理。

心理启示

父母应当告诉女孩子哪些属于秘密的、不能暴露的地方，教育孩子保护私处的一些基本常识，平时给孩子穿宽松的衣裤以减少刺激，并增加有趣的活动转移孩子的注意力。

异性眷恋：青春期正常现象

歌德说：“青年男子谁个不善钟情？妙龄女子谁个不善怀春？”孩子爱慕异性，这是极为正常的心理现象，这是每一个精神发育正常的青少年都会有的感情的自然流露。进入青春期以后，男孩女孩彼此向往、互相爱慕，是青少年

心理发展的一个重要表现，这也是他们恋爱成功与婚姻美满的性心理基础。作为父母的我们，要了解孩子在青春期的早恋，就应该先了解孩子的心理和情感在青春期早期的发展规律。

张妈妈是小学六年级的班主任，最近，班里一次寻常的男女生位置调换，却引来了许多同学的哄笑，有些胆子比较大的同学竟然开玩笑说："这样就真的绝配了。"而那位被调换位置的女生似乎意识到了，脸红了，头低得很低。这件小事引起了她对这些孩子的关注，有了空闲时间，她就深入到孩子当中，了解他们的学习生活和思想状况。

果然，张妈妈发现了班里有传递纸条写情书的现象，一个写作能力较好的女孩子用她细腻的文笔抒发了她对一个男生的爱意。而那些性格比较外向的男生一下课便跑到自己有好感的女孩子的班上，希望能够引起女生的注意。在课间的走廊上、教室里，经常看到男生女生你追我打，嘻嘻哈哈。每当男生在操场打篮球的时候，旁边总是三三两两地围着一些女生。这可是小学六年级呢！张妈妈感叹，想到就在本校读初一的女儿，她就忧心忡忡。

青春期的异性情感发展需要经历三个阶段的心理历程，称为"青春三部曲"：

1.异性排斥期

这个阶段大概在孩子9~10岁时，持续时间大约为两年，在这一阶段，孩子的身体开始出现一些青春期早期的生理变化，比如，女孩子的乳房开始发育，男孩子开始长阴毛。孩子在潜意识里不愿意让别人发现自己的身体的变化，因而产生了对异性的排斥心理。具体表现为，原来是两小无猜、互相打闹的好朋友，忽然变得生疏起来，互相回避，彼此不说话，不往来，男女界限"泾渭分明"。

2.异性吸引阶段

在孩子12~13岁时，这一阶段将持续两三年的时间。孩子开始对异性产生好奇与好感，渴望参加有异性的集体活动。他们希望能结识有共同话题的异性朋友，这是孩子们学习与异性交往的重要时期，他们往往能在活动中发现自己

喜爱的异性类型。

3.异性眷恋阶段

这一阶段又称为原始恋爱期，是青春期发展阶段的第三个时期。大多发生在孩子15~16岁左右，在这一阶段，孩子们心里蕴藏着强烈的眷恋，但又不敢公开表露，他们只是用精神心理交往方式来显示自己情感的纯洁性。同时，这也是孩子们的性心理的发展阶段，他们的内心虽然多了冷静与理智的成分，却没有办法克制自己的行为。

每一个青春期的孩子都要经历这样一个过程：排斥异性——在群体中找到自己喜爱的异性类型——期望与自己喜欢的某个异性深入交流。如果父母仔细观察孩子，就会发现孩子在每一个时期的不同表现。对待孩子的性心理发展历程，父母不应粗暴地界定为早恋，而要学会理解孩子的这种对异性眷恋的心理需求。

1.鼓励孩子多参加群体活动

在现实生活中，父母总是担心孩子与异性接触，尽可能地阻止孩子参加有异性的群体活动，殊不知，这样的禁令反而可能促使孩子提早进入早恋阶段。所以，父母要鼓励孩子参加对身心健康有益的活动，以转移其注意力，发泄其充沛的精力。鼓励孩子根据个人兴趣，发展个人爱好，这样的话，早恋会适当减弱或转移。

2.引导孩子正确与异性相处

这一时期的孩子对异性有强烈的好奇心，他们渴望接近异性又害怕受到来自异性的伤害。父母应该理解孩子的这一心理需求，鼓励孩子正常地与异性朋友交往，引导孩子在交往过程中尊重对方的人格，真诚交往，互相学习。在与异性单独接触的时候，让孩子注意分寸，嘱咐女孩子尽量不要晚上单独与男孩子约会；如果对方提出一些无理的要求，要敢于说“不”。

心理启示

在异性相吸的阶段，父母应该鼓励孩子多参加群体活动。如果孩子在这

一阶段没有获得更多的参加群体活动的机会，没有在群体交往中寻找自己喜欢的异性类型，那么，孩子有可能就会直接进入下一个发展阶段——眷恋某一个异性。

早恋问题：父母不必过分紧张

在生活中，哪些孩子容易早恋呢？在学校里，那些性格外向、相貌出众的孩子比那些性格内向、相貌平平的孩子更容易发生早恋。心理学家认为，那些性格外向的孩子大多敢于触犯校规，一旦有了自己合适的对象，他们就会大胆追求，有一些女生更是以被男生爱慕为荣。

教育专家称，那些缺少家庭温暖的孩子容易早恋。比如，在一个家庭里，父母感情破裂、经常吵架，对孩子关心不够。或者，父母已经离婚，孩子没能得到完整的爱，他生活在一个冷漠、压抑的环境中，心里渴望温暖，而来自异性的爱恰好能弥补这一点。

一位糊涂的妈妈坦言："我真没想到自己的儿子也早恋了，看来，平日里我们做父母的对孩子关心不够，观察不到位。儿子刚上初中那会儿，还是跟以前一样，放学早早地回来，自己写作业，我们也不操什么心。后来，过了半学期，以前从来不要东西的儿子开始开口让我给他买最新款的衣服，说老实话，听到儿子开口要东西，我这个当妈妈的还真高兴。平时工作太忙了，他的衣服差不多都是一个季节一个季节买的，我也没怎么关注现在流行什么，看来儿子也开始爱美了，当时，我还开玩笑跟儿子说'打扮得酷一点儿，这样，就能迷倒不少女生了'，没想，真是被我说中了。"

案例中的妈妈确实有些粗心大意，对孩子关注不够，连孩子早恋了都不知道。其实，早恋已经是一个老生常谈的话题了，但是，学校里的早恋现象还是屡禁不止，反而呈现出越来越多的趋势。虽然，早恋现象日益普遍，但也并不是每

一个青春期的孩子都会陷入早恋。而且，如果父母能够仔细观察自己的孩子，就一定能从孩子的行为、言行中看出端倪，因为，孩子早恋是有迹可循的。

此外，那些学习成绩差的孩子比成绩好的孩子更容易早恋，这些孩子平时受到的关心比较少，他们没有办法把精力放在学习上，在学习中他们无法获得乐趣。于是，他们便把那些无处打发的时间和精力转向所谓的“爱情”，以弥补感情上的空虚。

1.孩子早恋有哪些信号

孩子早恋是有迹象的，这需要父母仔细观察。比如，孩子常常背着家人偷偷写信、写日记，若是不小心被看见了，急忙掩饰；家里经常有异性打电话来，经常收到发信人地址“不详”的信；孩子突然对那些描写爱情的文学作品、电影等感兴趣；孩子情绪起伏大，时而兴奋，时而忧郁，时而烦躁不安；孩子突然喜欢打扮，注意修饰自己；活泼好动的孩子突然变得沉默，不愿意和父母多说话；经常找借口外出，有时还撒谎；突然喜欢谈论男女之间的事情；回家后喜欢一个人待在房间里，经常无故走神发呆。

2.父母不应“对号入座”

如果你的孩子真的存在上面所说的情况，父母也不应该对号入座，而应关注孩子的变化，弄清楚孩子到底有没有在恋爱。有时候，孩子可能只是遇到了烦心事，他并没有早恋。即使发现孩子真的早恋了，父母也不要轻举妄动，而应温和地问“听说，你最近和某某走得很近，是吗”，以朋友的身份与孩子聊天，以便劝阻孩子走出“早恋”的泥沼。

心理启示

孩子进入青春期以后，父母需要密切关注孩子的一举一动，当然，这并不意味着父母可以全权干涉孩子的社交自由，或者监视孩子的行为。父母应关注到孩子心理、情绪的变化，一旦发现孩子早恋现象，需要及时劝阻引导，以免孩子陷入感情的泥沼。

孩子具有同性倾向如何处理

一直以来，早恋现象被不少父母当作“洪水猛兽”，现在，孩子的爱恋不仅存在于异性之间，也有可能存在于同性之间。对这样的情况，许多父母表示“宁愿自己孩子与异性恋爱，也不愿孩子卷入同性恋中”。但是，到底哪种是同性爱恋倾向？如果孩子有了同性爱恋的倾向，父母该怎么办呢？

我们来分析一下青春期孩子同性恋倾向的心理特点：

其实，那些具有同性恋倾向的孩子在面对自己的情况时，多是自责和愧疚的，他们对“同性恋”的认识还不够全面，往往带有自己的主观判断。他们很容易把“同性恋”与肮脏、丑恶、艾滋病等负面的事情联系在一起，认为“我是一个心理有问题的人”。

一位满脸焦虑的妈妈走进心理咨询室，开口便讲述了自己女儿的事情：

我担心自己的女儿有同性恋倾向。我女儿从小身子就比较娇弱，那时候，我担心孩子在学校受其他同学的欺负，就拜托了班里的女同学帮忙照顾女儿。就这样，女儿开始更多地接触女同学，从来不与男孩子打交道。我尝试着问女儿：“你怎么一个异性朋友都没有呢？”女儿回答说：“我觉得只有女生才最了解、体贴女生。”如此的回答让我吓了一跳，我开始慢慢注意女儿的同性朋友。

我发现，女儿玩得比较近的女同学有那种乖乖的学生，也有打扮很中性的女生。这让我心里很不安，我试探着问女儿：“你的朋友为什么喜欢中性打扮？”女儿像开玩笑地回答说：“这样可以更好地照顾我啊。”“可是，你们这样，会……不会……咳咳……走得太近了？”我说话有些吞吞吐吐，女儿白了我一眼：“这算什么，我们班里玩得好的女生还在一起拥抱、亲吻呢！”听了女儿的话，我真是吓坏了，我担心她有同性爱恋的倾向了。

那么，造成这些孩子出现同性恋倾向的原因是什么呢？

许多孩子模仿恋爱，一旦失败了，就有可能导致自己性取向的变化，转移到同性间关系密切的伙伴。还有的孩子则是家庭因素，大多为独生子女，父母

只是忙于工作，不注意孩子的心理教育，只看重孩子的学习成绩，从小到大坚决反对孩子与异性交友、学习、玩耍，因此，孩子的朋友圈子里全是同性。有的孩子长期生活在父母不和的家庭中，父亲常年在外，不关心家庭，孩子从小到大所接触的都是母亲，导致她对男性产生恨意，进而更愿意接触同性。

1.不要只依据言行、外表来判断孩子有同性恋倾向

一位心理医生告诉我们："我曾经接触一对同性恋倾向的孩子，她们每天形影不离，而且动作相当激烈，不管在什么场合，她们都会拥抱、亲吻，这样古怪的行为受到了其他同学的强烈排斥与疏远，她们为此感到很苦恼。她们告诉我，她们拥吻时并没有性方面的冲动感觉，只是模仿言情电视剧里的亲热镜头，觉得挺新奇好玩的。其实，她们也并不是真正的同性恋，这样的行为是阶段性的。她们所在的班级全是女生，因此，她们缺少与异性交往的机会。"如此看来，孩子是否有同性恋倾向，并不能靠简单的行为、装扮来猜测。

2.鼓励孩子多与异性接触

如果发现孩子有同性恋的倾向，你需要用自己的言语以及其他方式去努力改变孩子的性取向。比如"不要经常和女生在一起""多和男生交流交流"等，鼓励孩子多与异性接触。这样，时间长了，孩子会慢慢改变自己的性取向。

心理启示

在孩子成长的过程中，有的父母喜欢将孩子异性化装扮，或者让他长期只和异性朋友玩耍，这些都有可能使孩子产生过多的异性心理，淡化自己的性别，在性别的心理认同上产生模糊。对此，父母要引导孩子发展健康的心理，不要因为想要女儿，就将原本男孩的儿子异性化装扮。

第17章　思维教育——培养孩子的创新意识

一个孩子的创新思维与其家庭环境有着息息相关的联系，而只有在没拘束和压力的环境下，孩子才能有创新的思维。对此，父母要尊重孩子的人格，给予孩子自由的选择权，有意识地开发孩子的智商。

好奇心：请不要敷衍孩子的问题

即使是同龄的孩子，他们所掌握的知识面也大有不同，有的孩子对一些简单的事物都难以理解，但有的孩子却已经了解到了高年级的一些知识，究其原因，就在于孩子的好奇心。每个孩子都是有好奇心的，但有的孩子也许只是好奇，却在他还没有搞懂问题之前就把这个问题忘记了，也可以说这样的孩子好奇心不够，这样就导致孩子们失掉了开阔知识面的好机会。所以，要想孩子拥有广博的知识，要想激发孩子大脑的潜能，父母首先应该让孩子保持强烈的好奇心。

当孩子遇到不懂的问题，或看到不理解的现象时，孩子心里就会出现“心痒痒”的感觉，这就说明他具备了强烈的好奇心。一个孩子的好奇心达到了强烈的程度，他会在问题没有得到解答之前，吃不香饭，睡不着觉，一直到弄清问题为止。因此，对于父母来说，想要培养孩子的好奇心，让孩子永远保持一颗好奇心，就要有意识地引导孩子对新事物产生浓厚的兴趣，并且切忌在这一过程中打击孩子的积极性。

爷爷来了，在小泉家住了好些天。早上，爷爷和爸爸戴着眼镜看报纸，睡眼还没有睁开的小泉坐在沙发上观察他们。一会儿，妈妈端来了早餐，爷爷和爸爸都放下了报纸，爷爷拉着小泉一起吃早餐。

小泉看着放在桌上的两副眼镜，心里痒痒的，想知道它们有什么不同。小泉匆匆吃了两口，就溜下了桌子，拿着两副眼镜在沙发上摆弄了起来。他拿着眼镜放在眼前看来看去，他先戴上爷爷那副眼镜，感觉眼睛发胀，看着地上都是凹凸不平的，他赶忙摘了下来，地面还是平的。他又戴上了爸爸的眼镜，感觉眼睛有点疼，看旁边的东西好像没有变化，不过看远处看得比较清楚些。

后来，他尝试把两副眼镜叠在一起观察，当他一手拿着爷爷的老花眼镜，一手拿着爸爸的近视眼镜，这样一前一后放在眼睛前面观察时，他发现远处大楼上面的一只鸽子出现在自己的眼前。这一发现让小泉很吃惊，他一个人在客厅大叫起来："爸爸，你快来看哪，我看到了那大楼上的鸽子了！"正在忙着打电话的爸爸没好气地说："小声点，别瞎碰我们的眼镜，当心弄坏了我可要收拾你。"妈妈责备的眼神也看了过来，小泉默默放下眼镜，走开了。

小泉显露出来的是好奇心，只可惜并没有受到父母的关注，使得其大脑潜能未能达到如期的开发。在日常生活中，父母需要有意识地保护孩子的好奇心，让孩子不断地追寻新奇的知识，不断在玩乐中学到知识。父母要想孩子的大脑潜能得到充分的开发，最重要的一点就是让孩子保持强烈的好奇心。

1.耐心聆听孩子的问题

虽然孩子已经进入了小学中期的学习，他们已经掌握了一定的知识，但他们仍然会产生许多问题，"爸爸，太阳落下去天就黑了？""为什么飞机能飞翔？"几乎每位父母都会遇到孩子们这样的问题。这些在父母看来很平常的事物，在孩子看来却充满了神秘，他们非常好奇，渴望得到答案。好奇心是孩子比较好的素质，父母应该予以很好的保护，尤其要耐心地倾听孩子的问题。

有的父母在面对孩子这样幼稚的问题时会表现得很不耐烦，或者随便敷衍一下。其实，这时候孩子的自由意识已经开始萌芽了，他们也有自尊心，能感受到父母这种不耐烦的态度，这会使孩子的自尊心受到伤害，下次再遇到不明白的他就不会向父母发问了。在这样的情况下，大多数孩子的好奇心就被父母那种不耐烦的态度给无情扼杀了。所以，无论孩子问的问题有多幼稚，父母都

要耐心倾听，以认真的态度来对待孩子的提问。

2.有意识地引导孩子的好奇心

父母保护孩子好奇心的方法不同也会导致不同的差异，有的父母直接告诉孩子们正确答案，以为这样就满足了孩子的好奇心理，其实，这样直接获得的答案，孩子们很快就会忘记，而且他们会逐渐在这种过程中失去好奇心带来的乐趣。若父母不直接告诉答案，而是积极引导孩子，让孩子主动通过探索来获得知识，在鼓励孩子建立自信的同时，给予适当的帮助，这样不但引发了孩子们的好奇心，还能引导孩子积极地思考。

3.与孩子共同体验快乐的“探索”

有的父母总是抱怨，孩子特别能“搞破坏”，常常把家里的东西拆了。其实，这就是孩子因为好奇心而对事物进行的探索过程，父母应该正确地引导孩子，让孩子明白他的“好奇心”所带来的影响，可以鼓励孩子将破坏的东西拼装起来，还可以和孩子研究事物的结构，引导孩子积极思考，这样既满足了孩子的好奇心，又让他在快乐探索中得到了学习的乐趣。

好奇心是孩子们学习和成长的前提条件，父母应该以孩子的视角去看待他们的行为，保护孩子的好奇心，给孩子一定的空间去探索，给予孩子鼓励与支持，让孩子们感受好奇心带来的乐趣与知识。

想象力：别亲手扼杀孩子的美梦

伟大的科学家爱因斯坦曾说过：“想象力比知识更重要，因为知识是有限的，而想象力概括着世界上的一切，推动着进步，并且是知识进化的源泉。”

有的父母在给孩子讲完故事后向孩子提问，实际上这就是有意识地锻炼孩子的想象力，让孩子展开想象的翅膀。想象是智慧的翅膀，是创造的灵光，因而，想象力在孩子的智力活动中占据着极其重要的位置。

在乐乐小时候，妈妈已经讲过《灰姑娘》的童话故事了，可是，因为乐乐太喜欢这样的童话故事了，这会儿，他又把那本书翻了出来，自己一个人看了起来。妈妈看着乐乐在看书，忍不住也凑了上去，两人拿着书看了起来。“最后王子和灰姑娘幸福地生活在一起”，乐乐大声念出了最后的结局，妈妈突然想到了问题：“乐乐，这个故事看了好几遍了，妈妈问你几个问题啊？”“问吧，妈妈，我一定能回答上来。”乐乐信心满满地拍着自己的胸脯，妈妈发问了：“如果在午夜12点，灰姑娘没有及时跳上南瓜马车，会有什么情况发生呢？”乐乐有些语塞：“这……这……”妈妈见孩子吞吞吐吐，意识到孩子确实缺乏想象力。

在19世纪的时候，荷兰著名化学家范特霍夫曾就“想象”这种才能对许多科学家作了调查研究，发现他们中间最杰出的人都具有高度的想象力。而对于孩子来说，想象力的培养以及创造力的开发，是孩子成长过程中不可缺少的一个步骤，也是父母不容忽视的家庭教育。

1.让孩了多问问题

孩子总是睁着好奇的眼睛，带着求知的欲望，仔细观察着周围的一切事物，他们会不知疲倦地向父母问一些稀奇古怪的问题。其实，在这个年龄阶段的孩子，总是喜欢刨根问底，他们所问的内容比较广泛，有时候甚至问得父母哑口无言。有的父母被孩子问得很烦，就没好气地说：“就你事儿多，哪来这么多为什么！”或是：“小孩子懂什么！”这样孩子的创造力和想象力就在无形中被父母扼杀了。

在这时候，父母要认真面对孩子提出的问题，积极引导，即便是太荒谬的问题，父母也要正确引导，让孩子明白到底是怎么样的。孩子们有时候会提出很古怪的问题，父母不要加以责备，而要明白这来源于孩子丰富的想象力。面对一些新鲜事物，父母应该鼓励孩子多提问，让孩子展开想象的翅膀，让孩子

争当“小问号”。

2.鼓励孩子“异想天开”

我们常说的“异想天开”就是一种想象力，在孩子的心灵里，总是能映现出一个五彩斑斓的世界。当孩子听着童话故事时，会展开一系列的想象，甚至会说出一些不着边际的话，这时候，父母不要斥责孩子“胡思乱想”“胡编乱造”“编瞎话”，而是应该保护这种想象方式。适当的时候，父母应该鼓励孩子异想天开，为他们营造想象的氛围，诱发他们的想象力。比如，父母在给孩子讲述了故事之后，要求孩子自己编故事，让孩子大胆地想象，异想天开地编一段，或者续编故事的结尾，这样既训练了孩子的语言表达能力，又激发了孩子的想象力。

作为父母，我们应该耐心认真地对待孩子们的异想天开，比如有的孩子会说：将来我想发明一种食物，吃一点，可以一年不用吃饭。父母也不要大惊小怪，要让孩子觉得这样的想法是很棒的，让他们享受想象带来的乐趣。

3.开启想象的思路

如果孩子整天坐在家里，想象力再丰富的孩子也会有思维的限制，这时候父母要帮助孩子开阔想象的思路。父母可以带着孩子们走进社会走进大自然，拓展孩子们的视野，开阔他们的想象思路。五彩斑斓的世界里，以及千奇百怪的大自然都有利于丰富孩子们的思维，激发开阔孩子们的想象力。孩子们的知识面越广，他们的想象力就越丰富。

4.鼓励孩子实现梦想

美国的莱特兄弟，小时候是一对富有想象力的孩子。一次，兄弟俩在树下玩耍时，抬头看见天上的一轮明月挂在树梢上，于是两人迅速爬到树去摘，却让树枝把衣服钩破了。他们的父亲见此情况，不但没批评他们，反而耐心诱导他们，最后兄弟俩发明了世界上第一架飞机。所以，孩子们的想象并不是不切实际的想象，合理的想象的本身就包含着现实的可能性。父母需要帮助孩子提高想象的可能性，只要不是太过奇怪的想象，父母都可以加以诱导，让孩子把想象变成现实。

心理启示

想象是科学发现和创造的萌芽，也是孩子走上成才之路的开始。正在成长中的孩子们，喜欢思考，有着强烈的求知欲，他们对于新鲜特别的东西总是有浓厚的兴趣，这时候，父母需要有意识地培养孩子的想象力，点燃他们心中想象的火炬，让孩子们展开想象的翅膀，在未来的成长天地中自由翱翔。

创意能力：欣赏孩子眼中的世界

据一份研究资料显示：外国中学生平时看上去学习不大用功，却能时常提出一些独特的创新见解；而我国中学生平时学习刻苦，成绩也不错，遇到问题时却墨守成规，缺乏创新和突破。这样的现象应该引起每一位父母的警觉和重视，不要再让孩子被动地接受学习，若他们的思想僵化，就毫无创造力可言了。因此，父母应该鼓励孩子的创造性，教会孩子打破常规，突破创新，当孩子的智慧火花闪现时，要及时加以保护。

爷爷很喜欢养花，偶尔他还会给我家捎带几盆好看的花，放在阳台上，并嘱咐家里的孩子按时给花儿浇水。几盆花儿在孩子的精心照顾下长得枝繁叶茂，春天还开出了漂亮的花朵。有一天，孩子突发奇想地剪下了几枝月季花和太阳花，悄悄地把它们埋到了泥土中，还郑重其事地为它们浇水。过了几天，孩子发现月季花都枯萎了，但是太阳花却开花了，还从泥土中冒出了几个新芽。孩子很纳闷，因为两种花都是按照同样的方法种的，可却是不同的结果。他带着自己的疑问去找爸爸，爸爸一听孩子把花剪掉了，有些生气地说：“你怎么能这样做呢？花儿那么美，你为什么把他们剪掉呢……”孩子呆立在那里，他在想还要不要把自己的新奇想法告诉爸爸。

孩子的大脑通常是灵活的，对外界新鲜事物往往怀有浓厚的兴趣，有时候，他们会以好奇的心态向父母提问，这些问题是孩子了解这个世界、培养创新能力的重要途径，父母千万不要对孩子的问题置之不理，或者是随便应付一下，这样会让孩子失去热情，创新能力也会随之消失。另外，创新并不是我们想象得那么神奇，也没有我们想象得那么困难。我们日常生活中的点点滴滴也能体现出创新，创新就在我们身边。

1.保护孩子的好奇心

面对生活中的种种现象，孩子往往会提出各种各样的问题，甚至有些问题听起来十分荒谬，其实，这就是孩子好奇心使然，父母要保护孩子的好奇心，鼓励孩子多质疑多提问。当孩子不断地问“为什么”时，父母不要马上就把答案告诉他，而留给孩子一定的思考时间，让孩子说出自己的想法，激发孩子的探索精神，培养孩子的创新意识。

2.激励孩子的创新意识

有父母问孩子，雪融化了变成了什么？孩子眨着灵动的大眼睛回答，变成了春天。这个孩子的回答充满了智慧，虽然，这是不符合常规的，但他的回答却是具有创新意识的。有时候，父母对于孩子的答案，不能以自己的思维方式或唯一的标准答案捆住孩子，要鼓励孩子打破常规思维定式的羁绊，在判断孩子答案的时候，要把是否具备创新意识放在第一位。只有这样不断地激励孩子的创新意识，才能让孩子的头脑中闪现出创造的火花。

3.在日常生活中培养孩子的创新意识

创新思维的特点是灵活、变通，平时的日常生活中，父母需要有意识地培养孩子这方面的创新意识。父母可以和孩子一起做家务，对一些简单的事情，可以问孩子“是否还有更好的方法”，鼓励孩子异想天开，培养孩子勇于探索敢于创造的创新精神。当孩子在做一件简单的事情时，父母可以鼓励孩子多想几种方法，举一反三，然后得出最简单的方法，这样可以培养孩子思维的变通性和灵活性。

即便是在和孩子玩游戏的时候，父母也可以有意识地锻炼孩子的创新能力，让孩子敢于打破常规思维，进行一些创造性的活动。比如，父母与孩子一起玩折纸船游戏时，可以提醒孩子“怎么样让纸船在水里行得更远并且不会沉下去”，然后引导孩子去思考变换纸船的折叠方法，更换纸张等多种问题，慢慢探索出可行性的方法。时间长了，孩子就会自觉地问“怎么去做会更好”，发现问题，解决问题，就会逐渐多了一些创新精神。

心理启示

其实，孩子的创新思维并不需要太复杂，体现在现实生活中甚至可以是很简单的方法。比如，一种游戏，孩子想出了一种新的玩法；一道数学题，孩子想出了新的解题方法；面对新现象提出的创新问题等，这些都是孩子打破常规的创新行为。培养孩子创新意识的方法是多样化的，关键是要父母扮演好领航者，鼓励孩子坚持到底。

探索能力：适度容忍孩子的“胡作非为”

有的父母带着孩子们出去玩的时候，喜欢警告孩子：“不许到那个地方去！”“不要跑远了。”如果看见孩子正在观察一只毛毛虫，就赶紧斥责：“一只毛毛虫有什么好看的，一会儿它爬到你身上怎么办？”在父母的大声斥责下，孩子探索的兴趣也就被扼杀了。如果父母问一句“你在看什么呢，发现有什么好玩的吗”，也许孩子能够说出自己的想法。长此以往，孩子就会养成一种习惯，看到新鲜有趣的事物，他就会留心观察；有什么质疑的，他也会自己去找答案，这样有利于培养孩子的探索能力。

这天，小豆子回家第一件事情就是问爸爸：“爸爸，圆周率是什么？”爸爸没有直接回答他的问题，而是向小豆子提问：“你觉得圆的周长和直径之间

有什么关系呢？”“我不知道，可是测试出来不就知道了吗？”小豆子想出了一个方法，不让爸爸提醒，他自己找来了一个杯子、一把直尺和一条绳子。找来了这些工具，小豆子开始用手边的绳子和尺子量杯子的周长和半径。这时妈妈回来了，看到小豆子拿着绳子，又拿着杯子，大声呵斥：“你在干什么？又想把杯子摔碎？家里的杯子已经越来越少了，这孩子真是不听话……”妈妈一边说着，一边拿走了小豆子的杯子。

父母要鼓励孩子多探索，激发孩子探索的兴趣。许多孩子都有探索的能力，但常常被父母忽略掉了，或者父母没有给孩子提供探索的机会。因而，建议父母无论是在家里，还是带着孩子出去玩，都要不失时机地鼓励孩子去探索，你可以问问他：“有什么新的发现吗？”这样，孩子就会动脑筋去思考，动手去开始自己的探索之旅了。

1.不要告诉孩子答案

比如，父母买回了菠萝、螃蟹、玻璃等新鲜东西，只需要告诉孩子事物的名称就可以了，其余的可以让孩子自己去探索，在探索过程中，孩子会发觉菠萝外面的刺具有伤害性，螃蟹跟菠萝不一样的是能钳人，玻璃容易打碎需要小心。

2.让孩子体会探索带来的成就感

有的父母习惯给孩子买一些积木回来，孩子可以按照自己的想象堆出奇形怪状的东西，这时候不妨把自主权交给孩子，随便孩子怎么玩。当孩子让你欣赏自己的杰作，你就给予称赞，“哇，又有新玩法了，真不错”，并且鼓励孩子积极探索，“还有更好玩的玩法吗”，孩子便会在父母的鼓励之下开始新的尝试。你会发现在这个过程中，孩子的头脑越来越灵活了。

3.不要有太多的“不准”

有的父母带着孩子出去玩，出门之前就开始了“不准”命令：不要把衣服弄脏了，这样看上去像个坏小孩；不要爬树，不要到处乱跑。在你不断地向孩子命令时，实际上已扼杀了孩子的探索兴趣。面对外界的新鲜事物，父母应多鼓励孩子去探索，把自主权交给孩子，让孩子能够放开自己，勇于探索。

4.做好一个旁观者

当孩子在专心地做一件事情的时候，父母不要干扰孩子，你的喋喋不休很可能会打断他的思路。尽量不要催促他，也不要在旁边不断地提醒他不可以这样、不可以那样，这样会干扰孩子的行为，而且也让孩子感觉到不受尊重。如果孩子在探索过程中遇到了困难，父母不要急于帮助他，你可以先给孩子多一些建议，慢慢引导他战胜困难，获得成功。

如果父母主动告诉孩子答案，虽然孩子很快就能学到知识，但他是被动接受的。其实，父母应该不把答案告诉孩子，鼓励孩子自己去探索，虽然，自己探索的过程比较慢，但是同时孩子还可以学到认识事物的方法，体会到主动探索的乐趣。时间长了，孩子就养成了主动学习的好习惯。

注意力：拯救孩子的专注力

“注意力”是一种我们都熟悉的心理现象，用通俗的话说就是“专心”。当小孩子在面对自己感兴趣的事情时，比如听广播、看电视，常常会聚精会神，对身边的人和事都会听而不闻、视而不见，这就是一种注意力。

有些孩子注意力分散，做事马虎，形成这样的现象，除了有一部分是孩子年龄阶段体现出来的特点，很大程度上都是由于家庭环境和父母的教育方式所引起的。比如，父母双方对孩子的教育态度不一致，这也会让孩子感到无所适从；父母对孩子过分宠爱，缺少行为规范，使孩子养成随心所欲的习惯，因此缺乏了忍耐性和自制力，无法集中注意力；家里无法给孩子提供一个安静的环境，使孩子难以集中注意力。

孩子放学回家了，妈妈一边收拾家里一边吩咐孩子完成老师留的家庭作业。孩子嘴上应着："好的，我马上就开始做。"结果他一眼看到茶几上的玩具，忍不住玩起玩具来。正在厨房忙碌的妈妈说："你开始写作业了吗？"孩子头也不抬："正在写呢。"然后才慢吞吞地拿出作业本，开始写作业。这才开始写一会儿，孩子又从抽屉里拿出零食，吃了起来；一会儿，又打开电视看看动画片……就这样，直到妈妈把饭都做好了，他还是没写完作业。

注意力对于孩子来说，有着诸多的意义：当孩子能够把注意力集中在某件事情上的时候，他们就会主动去探索未知的东西，寻求解决问题的办法，继而提高学习能力；另外，注意力还可以帮助孩子克服散漫的习惯，能够沉着冷静地处理问题，形成稳定的心理素质；孩子注意力集中，就能够深入地思考问题；注意力集中的孩子能够专心做自己的事情，也容易获得成功，提高自己的自信心。

1.营造安静的家庭气氛

要想让孩子能够集中注意力学习，父母就应该先让自己安静下来，不要做分散孩子注意力的事情，比如看电视时大声议论或大笑，父母也可以认真学习，以模范行为让孩子效仿。孩子在学习的时候，不要在旁边唠叨，也不要在孩子学习的房间里接待客人，这样会干扰孩子。在家里时刻保持安静的环境，这样可以让孩子少受外界的干扰，更好地保持注意力，比如家里的东西摆放要整齐，孩子的用品和玩具要放在固定的位置。

2.有规律的作息时间

孩子作息不定时、生活无规律，也是孩子注意力分散的主要原因。父母不应该整天强行要求孩子长时间从事单调枯燥的学习活动，这样必然会造成孩子大脑疲劳而精神分散。父母应该合理制定孩子的作息时间，简单有规律的家庭生活节奏，有利于培养孩子的注意力集中。睡觉、玩耍、学习的时间都应该安排得较为固定，有的孩子注意力容易分散，就需要父母帮助孩子建立规律的生活。

3.以兴趣培养孩子的注意力

孩子对某些事物的兴趣越浓厚，就越容易形成稳定和集中的注意力。父母不要天天把孩子关在房间里学习，适当鼓励孩子多参加感兴趣的活动，让孩子在活动中发掘和发展自己的能力，趁此机会还可以培养孩子的注意力。但是，如果孩子一会儿喜欢做这个，一会儿喜欢做那个，这时候，则需要父母引导孩子专注于一件感兴趣的事情。

4.培养孩子的自我控制能力

孩子在学习中遇到了困难，或者遇到了不感兴趣的事情，这时候即便是他有一些注意力也是不够的，还需要父母有意识地培养孩子的自我控制能力，使孩子的注意力服从于活动的目的和任务。父母可以让孩子在一段时间内专心做一件事，比如，绘画、练书法等，以此来培养孩子的自制力。

5.适当限制孩子看电视的时间

如果孩子已经习惯了充满声光影的刺激，他们就不容易静下心来看书和学习，特别是喜欢看电视或者玩电子游戏的孩子，即便父母强行要求孩子读书学习，孩子的注意力也不在学习上，而是停留在电视或电子游戏上。所以，父母应适当限制孩子看电视的时间，在日常生活中让孩子多看书、多融入大自然。

6.帮助孩子调整情绪

当孩子情绪处于悲伤、疲惫或者生病，身心状态都不佳的时候，是很难集中注意力的。此时父母要帮助孩子调整情绪，给予孩子关怀，而不是盲目地强迫要求。只有孩子保持愉快的心情，他才更容易专心致志地做事情。

心理启示

培养孩子的注意力，对于孩子的脑部劳动具有重要的意义。那些注意力集中的孩子，学习效率快，学习质量高；相反，那些注意力不够集中的孩子则写作业马虎，做事情粗枝大叶。对于低年级的孩子来说，学习知识并不是最重要的，重要的是养成良好的学习习惯，而稳定持久的注意力则是学习中不可缺少的一方面。

第18章　教育误区——教育孩子用巧力，不能蛮干

孩子教育成为家庭教育探索的重大课题，现代社会，孩子近距离接触的都是电视、电脑、智能手机。过去是孩子不了解父母，现如今是父母不了解孩子，而且家庭教育也出现了盲目溺爱、冷暴力、唠叨等误区。

过度溺爱也是一种伤害

父母对孩子的爱是无私的，但是不能溺爱孩子。爱子如杀子是几千年古人经验传下来的，不是一句空话，只有父母懂得正确地爱孩子，孩子才会有自己的天地和观点。父母不要把自己的人生观、价值观、世界观强加给孩子，也不要对孩子不合理的要求一一满足，父母应该做的是对孩子既严格，又要给他们一片宽松的天地，正确引导孩子的思想、教育孩子坚强地面对生活。

父母对孩子的溺爱，大体有这样几种：特殊待遇，给孩子吃独食、做独食，让孩子充满优越感，变得自私、没同情心，不会关心别人；过分注意，由于父母的过分注意，孩子经常无所适从，不但他的主动性会受到影响，而且将会更加以自我为中心；凡事包办代替，家里大小事都包办代替，即便孩子可以做的事情，父母都全权代替；小病大惊，孩子有一点点小病小痛，父母就会失去镇静，大惊小怪。

王妈妈的女儿长得特别漂亮，所以王妈妈一直对女儿就百般呵护。有一次王妈妈在上班时突然想起孩子早上打了几个喷嚏，她不禁问自己：她会不会发热，或者是生别的毛病？她越想越担心，于是马上放下手中的工作，请假后急急忙忙赶到幼儿园里。结果，她看到孩子正在那里活蹦乱跳地玩呢！

长大后，只要孩子一出门，爸爸妈妈便会十分小心，假如能陪伴肯定不会让她单独出门，担心她会遇到危险、被人欺负，或是被其他孩子给带坏了。但爸爸妈妈的付出，孩子并不领情。时间久了，孩子觉得失去了自由。遇到这样的情况，爸爸妈妈该怎么样带孩子呢？

父母是孩子的第一任老师，一旦父母对孩子采取溺爱、迁就的教育方式，将孩子放到比父母还高的位置，包办代替孩子的一切，那时间长了，孩子就会变得以自我为中心，这样的孩子往往比较软弱，不会考虑别人的感受。甚至，有的孩子提出的要求得不到父母的响应时就会采取极端的方法，在孩子看来，自己的要求就是命令，而父母以前从来没有拒绝过，孩子潜意识里根本就没有“自己得不到的东西”这样的想法。

1.对孩子不要搞特殊对待

在家里，每位成员都是平等的。假如父母什么时候都给孩子特殊待遇，有什么好东西都给孩子留着，会让孩子感觉自己是高人一等的。这样一来孩子就会感觉到自己的特殊地位，习惯于高高在上，长大后肯定会变得自私，缺乏同情心，不关心他人。

2.不要以孩子为中心

许多家庭里都习惯以孩子为中心，家里的事物安排几乎都是围绕孩子。即便是客人来访，所谈论的也都是关于孩子的话题。这样太关注孩子，以孩子为中心，孩子便容易骄傲。孩子会觉得自己才是家里的中心，因而会更加肆无忌惮。

3.不要总是满足孩子的要求，更不要有求必应

父母对孩子的要求需要认真考虑，不能孩子要求什么就给什么。有的父母总是担心孩子会哭闹，所以就对孩子百依百顺。若父母对孩子的要求总是有求必应，必然会养成孩子不珍惜物品、喜欢物质、浪费金钱等不良性格。

4.对孩子不能全权包办

许多父母担心孩子做不好事情，于是几乎所有的事情都会代替孩子去做，结果导致孩子到了三四岁都需要父母喂饭、穿衣，五六岁了还不会做简单的家

务。在这样溺爱下的孩子不但不会变得勤劳，同时也缺少同情心和上进心。

5.对孩子不宜过分保护

实际上孩子并不是天生就胆小，往往是父母对孩子过分地保护，结果导致孩子胆子越来越小。假如父母在确保孩子安全的情况下，少一些担忧，多一些鼓励，即便在孩子摔倒之后也不要大惊小怪，而是平静地对孩子说："宝贝，没事，赶紧起来，妈妈知道你最勇敢了。"那么孩子就会自己爬起来，也不会变得懦弱胆怯了。

6.不要总是袒护自己的孩子

许多时候，孩子在外面和别的小朋友有了争执，这时有的父母总是偏向、保护自己的孩子，而不管孩子是否做得对。而在许多家庭里，一旦孩子受到父母的惩罚，爷爷奶奶总是出来替孩子说话，时间长了，孩子就会将家里对自己管教较松散的人当作"保护神"。这样的结果不但会让孩子性格扭曲，甚至会影响到家庭的和睦。

7.尽量把孩子接到身边来

许多家庭因为工作的关系，往往会把刚出生没多久的孩子交给爷爷奶奶或外公外婆带。这种隔代的抚养，往往会造成许多溺爱成分，而通常在这种环境下长大的孩子比那些从小由父母带大的孩子更加娇生惯养。所以，在孩子记事以前，尽可能地将孩子接到自己身边来。

心理启示

溺爱会让父母经常保持脆弱的神经，而这样的"脆弱"会连累孩子。父母经常性的担忧会感染孩子，让孩子也变得胆小怕事。而如果父母对孩子的关心过于面面俱到，无微不至，这样做的结果是惯坏了孩子，导致他们对家庭，特别是对母亲过分依赖，并慢慢形成懦弱、胆怯和忧郁的性格，这样的孩子不但独立生活能力差，而且难以很好地与周围人相处。

不容再忽视的“家庭冷暴力”

许多家庭在教育孩子过程中存在着家庭冷暴力，不用棍子打，不体罚，而是采用嘲笑、讽刺、冷漠的方式，这将直接影响孩子性格的成长。许多孩子在物质上是富裕的，而在精神上却是不快乐的。除了学习剥夺他们部分快乐时光之外，家庭冷暴力也会让孩子陷入消极情绪中。有的父母在教育孩子的过程中，不自觉地就会采取冷暴力的方式：对孩子态度冷漠，经常不搭理；有的父母对孩子期望值过高，常常把孩子说得一无是处。

家庭冷暴力是暴力的一种，它的表现形式为冷淡、轻视、放任、疏远和漠不关心，导致孩子精神上和心理上受到侵犯和伤害。在现实生活中，有些父母总是用自己的想法来要求孩子，一旦孩子达不到自己的要求，便对孩子冷眼相对，不理不睬。心理学家认为，父母的冷暴力会给孩子的成长路上蒙上一层阴影。

小东是一个非常优秀的男孩子，在家里听话，学习成绩也优异，平时还喜欢帮助别人，连续几个学期都被评为优秀学生。

有一次，班里组织了学习互助小组，小东帮助一个成绩较差的同学提高成绩，放学后，他们一起温习功课。小东那天回来很晚，爸爸以为他在外面网吧玩游戏，不由分说地批评了小东。后来，尽管知道了事情的原委，但爸爸并没有向小东道歉，反而对小东进行讽刺：“你的成绩有这样好吗？还是等你拿到了第一名再去帮助其他同学吧！”

由于爸爸的这些嘲讽，小东变得郁郁寡欢，后来再也不敢帮助同学了，和同学之间的关系也疏远了很多。小东觉得爸爸一直对自己不太满意，心理压力很大，成绩也受到了影响。这下爸爸又开始嘲讽他了，结果小东和爸爸的关系也紧张了起来，亲子关系陷入了低谷。

有时候父母因为感情失和也会爆发冷战，这时孩子作为第三者往往会成为冷暴力的受害者。父母经常会对孩子说“你别来烦我”，“你跟你妈妈一样，都不是省油的灯”等话来打发孩子，结果无意中伤害了孩子。尤其是单亲家庭，父母疏于与孩子亲情沟通，有的父母由于感情的失败自暴自弃，夜夜不

回家，即便回到家也不怎么和孩子说话，虽然同在一个家里，却好像陌生人一样，这样的家庭冷暴力是极其严重的。

当然，杜绝冷暴力最好的方法是良好的沟通，只有亲子之间建立良好的沟通渠道，父母才能更好地引导孩子。作为父母，我们应该对自己提出较高的要求，有耐心，讲究教育方法，不能随意对孩子使用冷暴力。

1.避免用消极情绪对待孩子

如今，有些父母对孩子的期望值越来越高，当看到孩子没有按照他们设计的模式发展时，他们就会着急。父母认为孩子应该取得好成绩，一旦孩子的成绩没有达到自己的标准，父母就会拉下脸来。孩子若总是看不到父母的笑脸，长此以往性格发生改变。作为父母，我们需要好好反思，即便孩子表现不好，也不要一味地去责怪，而需要试着与孩子一起分析失败的原因。即便孩子学习成绩不好，也要鼓励大于指责，用关爱的语言感化孩子。

2.父母的期望需要契合孩子的发展水平

父母的期望要适合孩子的发展水平，不能不切实际。比如父母的期望需要全面一点，期望孩子成为一个善良、正直、善于与人相处的人。

3.了解孩子

父母需要了解孩子，用平等的沟通代替冷暴力。平时多关注孩子的情感需求，尊重孩子的个人选择。及时鼓励孩子作出好的改变，对孩子的缺点和弱点，需要就事论事，多引导，多帮助。

4.采用积极的沟通方式

父母需要采用积极的沟通方式，在有矛盾时作主动、坦诚的沟通，将矛盾有效化解。毕竟积极的沟通方式不但有益于感情交流，同时有利于心理健康。父母是孩子的第一倾诉对象，父母应该对孩子敞开心扉，只有对孩子敞开了自己的心扉，孩子才会对父母说真心话，说出内心话。假如父母总是对孩子实施冷暴力，那孩子就容易患上心理疾病，比如自闭症等。

5.欣赏孩子的优点

孩子是父母的镜子，孩子身上的问题实际上折射出家庭教育的缺失。有的

孩子并不像父母所说的那样一无是处，尽管有的孩子学习成绩比较差，但他可能比较自律，可能有正义感。但有些父母从未欣赏过孩子的优点，只是一味地给孩子提要求。实际上，指责并不能让孩子进步，父母应多些温暖的笑脸和贴心的鼓励，这才是孩子最需要的。

心理启示

心理学家认为，尽管天下无不是的父母，父母所有的决定，其出发点都是为孩子好，并不是有意伤害孩子，但最后的结果并不如父母所想。面对冷暴力，孩子未必可以理解父母的良苦用心，他们只会被这种暴力伤害得更深。

让家庭教育远离“棍棒”

苏联教育学家苏霍姆林斯基曾经这样说过：“不用理智、温柔的良言善语，用皮带抽和打耳光，如同对雕塑对象不用雕刻家的精巧雕刀，而动用了生锈的斧头。”父母对孩子的教育过程中，应有无数的夸奖，也有必要的惩罚，但是，对孩子的惩罚必须是建立在爱的基础之上的，而不是动用盲目的惩罚方式。在孩子的成长过程中，会有错误伴随着他每一个脚印，这是不可避免的。

这时候，为了帮助孩子认识到自己的错误，需要父母能够正确地运用惩罚，这样不仅能促进孩子的身心健康，还能够培养出孩子良好的学习习惯和生活习惯。这样，孩子会明白父母的惩罚是因为爱，也能够理解或者认可这样的方式，他也会改正错误，变得越来越乖巧与懂事。

回家路上，爸爸收到了一条老师发来的短信：这次考试的试卷已经发下来了，希望各位家长引导孩子纠错。后面还附上了孩子的考试成绩，爸爸觉得很纳闷，昨天自己还问孩子最近考试没有，当时他可是一个劲儿地摇头，这是怎

么回事呢？

晚上回到家，爸爸问了一句："宝贝，不是到期中了吗？学校考试没有呢？""没有，老师说取消期中考试了。"孩子低着头，听了这话，爸爸有点生气了，明明给了你承认错误的机会，谁想这孩子还是不肯承认。"那你们老师怎么发了成绩的信息呢？"爸爸厉声问道。孩子惊讶地抬头，知道事情败露了，他更不知道说什么好了。"去把试卷拿来给爸爸看看，快去。"爸爸生气地吩咐，孩子拿来了卷子，爸爸看着那试卷上的分数，赫然发现本来英语78的分数变成了88，爸爸拿出自己的手机翻看了一下，确认本来成绩就是78。

爸爸瞪着孩子，知道他偷偷修改了分数，爸爸顺手拾起手边的衣架就开始打孩子，一边打一边骂："狗崽子，让你成绩不好！成绩不好还知道骗人了，好的不学，偏学那不好的，我今天非打死你不可……"

在中国的传统观念里，孩子是父母的财富，更是父母的私有产品，大多数父母认为打骂孩子是天经地义的事情。孩子有时候会不听话、贪玩、说错话、做错事或者学习成绩不好，父母就对孩子进行打骂、体罚等，而且，不少父母思想里盛行着"棍棒之下出好人"等错误观念。在这样的传统观念之下，父母面对孩子的错误常会进行一系列的体罚，事后他们还能够找理由说服孩子："打你是因为爱你。"其实，对于聪明活泼的孩子来说，体罚带来的危害与影响是异常严重的。每一年都有因体罚事件而酿成的生命惨剧，这值得每一位父母深思。

如果孩子长期处于体罚的压力中，他就会心生反抗情绪，无论父母说什么，孩子都不会顺着你的意愿去做，反而处处与父母作对，这对于教育本身来说，毫无帮助而言。所以，父母应该摒弃体罚的观念，以爱心和耐心来引导孩子走出错误的泥潭，促进孩子身心健康发展。

1.呵护孩子的自尊心

随着孩子年龄的增加，他们的一个重要的心理特征就会越来越明显，那就是他们的自尊心越来越强。而父母的体罚很容易让孩子的自尊心受到严重的打击，有的孩子在长期的体罚之下，变得越来越"皮"，这其实就是孩子自暴自弃的心理状态。因此，看着孩子一天天大了，父母需要做的就是呵护孩子的自

尊心，即便面对孩子的错误，也要正确引导，千万不要采取体罚的方式。

2.多一点爱心，多一点耐心

孩子对这个世界充满着好奇心，因而他们在成长的路上免不了会犯一些错误，父母要对孩子的错误给予理解，并做好充分的心理准备。面对孩子的错误，父母要多一点爱心，多一点耐心，尊重孩子，理解孩子，赢得孩子的信任，与孩子做朋友；同时，让孩子意识到自己错误的原因与后果，给孩子一个重新改正的机会。这样，一旦孩子认识到自己的错误，就会接受父母的批评和帮助，也能体会到父母的爱。

3.冷静处理

大多数时候，孩子犯错都是出于一种本能，实则是无心之过，在孩子的思想里，他不觉得自己错在哪里。这时候，父母不应该随便发火，而应明确地告诉孩子，这样做是不对的，引导孩子正确的行为，从而不仅让孩子受到表面的“批评”，也让孩子体会到父母内心的“爱”。时间长了，孩子就会明白在自己不知道该怎么去做的时候，最好是向父母请教，这样就减少了犯错的机会。

4.采用“事不过三”的惩罚原则

父母在教育孩子的过程中，惩罚是必不可少的一种方式，但它和体罚是完全不同的。如果孩子做了错误的事情，父母可以采用“事不过三”的惩罚原则。当孩子第一次犯错，父母温和地告诉他，让孩子明白自己错在哪里，所引起的严重后果是什么；第二次犯错，父母应该严厉地批评，再一次警告，耐心教导；第三次再犯错，就应该让孩子受到相应的惩罚了，并且惩罚要说到做到，不让孩子存在侥幸心理。这样，让孩子知道，同一个错误不能犯两次，让孩子养成主动认错、自我反省的习惯。

心理启示

体罚教育是一种无能的教育，根本无法解决问题的根源，它只会强化孩子的记忆。体罚的粗暴方式也造成了父母与孩子之间的隔膜。另外，体罚还容易

造成孩子孤僻的性格，极易形成自卑、胆怯等不良心理品质。

别用“物质”贿赂孩子

当孩子尚未形成自发内在的学习动机时，父母从外界给以激励刺激，以推动孩子的学习活动，这种奖励是必要的和有效的。但是，如果学习活动本身已经使孩子感到很有兴趣，此时再给学生奖励不仅显得多此一举，还有可能适得其反。一味奖励会使孩子把奖励看成学习的目的，导致学习目标的转移，而只专注于当前的名次和奖赏物。所以，作为父母，我们要特别注意正确使用奖励的方法而不滥用奖励。

想要为鼓励孩子采取正确行为，通常不需要很大的物质奖项。如果为了让孩子做事，父母不得不承诺孩子非常豪华的奖品，那么这可能就意味着父母和孩子之间存在着权力之争：父母试图通过“贿赂”孩子来逼迫他们做一些不喜欢做的事。

5岁的孩子从来不整理自己的玩具，当妈妈要求孩子整理玩具时，孩子不是哭就是推托。妈妈为此感到十分头痛，于是她对孩子承诺：假如你每天收拾好自己的玩具，那么在你过生日时，妈妈就带你去游乐园玩。

有一次，爸爸带着孩子去理发，坐在理发椅上的孩子不停地摆动着自己的头。理发师不停地请孩子别动，但孩子就是不肯停下来。无可奈何的爸爸为了让孩子坐好，就答应孩子：“假如你好好坐着理完发，我一会儿就给买一辆玩具小车。”于是，孩子才安安静静地坐下来了。

贿赂孩子是父母以金钱、物质等外部因素为手段和孩子作交易，迫使他们做父母希望他们做的事情，以达到父母的愿望。在案例中，妈妈为了让孩子整理玩具，而给孩子一些物质奖励，而爸爸为了孩子安静地坐下来而临场给孩子奖品刺激。在这里，父母给予的奖励都不是真正的奖励。奖励孩子，指的是以奖赏激励孩子，从而起到进一步调动他们的自觉性，也就是内在动力来赢得更大的成绩和目标的作用。父母正确的奖励可以帮孩子把父母的要求变成自己的内在动机和需求，因此，奖励和贿赂是两个完全不同的概念。

假如孩子常常受到来自父母的贿赂，他们就会越来越依赖贿赂，养成凡事都需要父母贿赂的习惯。很多孩子一旦知道父母会提供奖励来刺激他们做事的时候，他们经常会得寸进尺，变本加厉。一旦父母的奖励不符合孩子的要求时，他们就会失去做事的兴趣。假如孩子因为停止做不好的事情而赢得了父母的奖励，那他们也有可能为了得到奖励而继续去做那些不好的事情，以赢得父母的奖励。

1.拒绝小恩小惠

为了鼓励孩子好好学习，许多父母倾向于采用物质奖励的方式，且对这种方式颇为认同，有些父母甚至说“给予孩子一定的物质刺激，远远比说教一百句管用得多”。在孩子年龄尚小的阶段，父母为了让孩子好好学习，给予孩子的多是一些小恩小惠，比如买些玩具、小零食，对于那种年龄较大的孩子则以给予昂贵的电子产品为诱饵。假如父母真的希望达到奖励孩子的目标，请拒绝给予孩子小恩小惠。

2.以兴趣为原动力

假如父母让孩子养成为获得奖赏才去努力学习的习惯，孩子就体会不到顺利完成一件事情之后的激动和兴奋，单纯的求知会使快乐降低。而对于任何事情而言，兴趣才是更大更持久的动力，一旦失去了兴趣，做事的动机就会大大下降。

假如这件事本身令孩子感兴趣，父母再给予孩子奖励，便有可能会弄巧成拙，不仅不能提高孩子的学习主动性，反而会降低孩子原有的学习热情。比如孩子自己喜欢画画，他们并不需要父母的表扬和物质奖励，只需要认同就行了。假如孩子画得不错，父母只需要关注一下就可以了。

3.对孩子进行精神奖励

奖励可分为物质奖励和精神奖励，所以父母对孩子可以进行适当的精神

奖励，比如来自父母的口头表扬、鼓掌、亲吻、拍拍肩膀，给孩子一个拥抱等。也可以是一些生活奖励，比如让孩子与父母一起做游戏，观看自己喜欢的电影，外出去公园、图书馆，或是跟喜欢的朋友一起逛街。假如实在需要给予孩子物质奖励，那也是需要适当的，比如买孩子喜欢的食物，这里需要避免给孩子买快餐之类的垃圾食品当奖励，也可以为孩子购买时尚的服饰、心仪的玩具、手工制作用品等，不过，这些奖励都应该是适当的。

心理学家分析，父母对孩子的贿赂行为，在短时间内可能会起到激发孩子高度积极性的作用，从而达到一些临时的结果。不过这样的贿赂难以长久有效果，从长远来看，反而会麻烦不断。因为这并没有从根本上改变孩子，所以不可能对孩子产生长远的影响。

承诺孩子，别开空头支票

培养孩子诚信的品格，父母的示范作用是极其重要的，尤其是经常陪伴在孩子身边的妈妈，自己的行为举止更是一种表率作用。有的父母喜欢向孩子开一些空头支票，却从来没有真正地兑现过，时间长了，孩子就会觉得上当受骗了。如果父母说话都不算数，那么孩子也不会信守承诺，孩子不会把父母的话当回事，等到你再作出类似的承诺，孩子会指着你喊：“骗子，骗子，我再也不相信你说的那些话了。”试想，当父母听到孩子对自己这样的评价，心里又会怎么想呢？而且，父母不信守承诺的行为已经成了孩子的模仿对象，使孩子沾染上喜欢说谎的坏习惯，这会影响孩子一生的发展。

孩子很早就嚷着要去爷爷家玩了，妈妈为了不再听到他整日的嚷嚷，就向孩子承诺："你这周好好听妈妈的话，如果表现好，周末妈妈就带着你去爷爷家。"孩子兴奋地走开了，爸爸笑着说："对孩子许下的承诺，你到时候可要兑现啊，否则孩子就会因上当而愤怒，说不定还会养成撒谎的坏习惯。"妈妈不以为然，说道："小孩子而已，那么较真做什么。"结果，周末妈妈因工作忙结果没能兑现承诺，孩子觉得很憋屈，更让他难过的是，妈妈对此连一句安慰话都没有。

此后一段时间，孩子对爸妈的话爱理不理，如果妈妈说："宝贝，妈妈准备周末带你去爷爷家里玩。"这时孩子总会不屑一顾："哼，又骗人。"说完，就回自己的房间了，剩下妈妈在那里发呆：这孩子，怎么这样？

而且，言行不一致的父母在孩子心中往往失去了威信，也会严重影响家庭教育的施行，影响父母在孩子心中的形象，影响父母与孩子之间的感情。所以，父母一定要注意自己的言行，在孩子面前做到言行一致，信守承诺，为孩子作好优秀的表率，做说话负责任的好父母。

1.父母要言出必行，言行一致

父母总喜欢对孩子说："你要好好听话哦，这次表现好了，我们会带你去玩。"孩子一直视父母为学习榜样，对父母许下的承诺也是坚信不疑。但是，许多父母许诺很容易，兑现诺言却比登天还难，在事情过后，父母浑然忘记了自己的诺言，等孩子质问起来，有的父母打起了太极："我好像没有说过吧，可能是无心说的，你不要当回事。"这样，孩子不仅会感到失望，还会有一种上当受骗的愤怒。所以，父母要说负责任的话，说出的话就要做到，坚决做一个言行一致的父母，给孩子做好榜样。

2.不要轻易许诺

孩子也喜欢听好话，喜欢听到带着某种奖励的话，于是，在日常生活中，有些父母常常为了诱导孩子去做一些事情，就轻易许诺，但事后却忘得一干二净。孩子所希望的落空后，他们惊讶地发现父母是个大骗子。虽然，小孩子做事需要一定的诱导，但是父母要切记，许诺时要思考自己是否能兑现诺言，如果难以兑现，父母还是不要许诺。

父母轻易许诺但不兑现诺言的行为不利于培养孩子诚信的品格，孩子会学到这样一些不良的行为：为了达到目的，说话夸张一点也不要紧；父母对自己撒谎，自己被欺骗了；父母会失信的，以后也不能听信父母的话；撒谎是允许的。这样，孩子就会受到父母的不良言行的“污染”。为了给孩子树立诚信品格，父母不要轻易许诺，一旦许诺，就一定要兑现自己的诺言。

3.不要试图以谎言来教导孩子不要说谎

有的父母说话很不负责任，他们会警告孩子：“如果你再撒谎，我们就用针把你的嘴缝上。”这时候，父母就要反思了，你的话是否也是个谎言呢？如果孩子真的撒谎了，你真会缝上他的嘴吗？回答显然是不可能的，那么你所说的话就是谎言。当你的谎言被孩子拆穿之后，孩子就会失信于你，这样根本不可能培养孩子的诚信品格。所以，父母要用正确的言行来引导孩子不要撒谎，而不是用谎言来教育孩子不要撒谎。

心理启示

孩子正处在了解社会、了解世界的成长期，他们既没有辨别的能力，也没有清晰的是非观念，如果父母长期言行不一致，就会使孩子形成不正确的处世观念，继而影响到孩子的一生。如果父母要求孩子做到的，自己却没有做到，孩子以后就不会听从父母的教诲，也不再相信父母许下的任何承诺了。

参考文献

[1]谢弗.儿童心理学[M].北京：电子工业出版社，2010.

[2]刘璎.你其实不懂儿童心理学[M].海口：南方出版社，2012.

[3]田艾米.儿童心理问题实战攻略[M].北京：电子工业出版社，2015.

[4]韩天霓.布谷鸟唤醒春天[M].海口：南方出版社，2016.